计算机专业·任务驱动应用型教材

# C#程序设计

路 炜　王 黎　李 敏　主编
王红艳　刘元刚　张世勋　副主编

电子工业出版社
Publishing House of Electronics Industry
北京·BEIJING

## 内 容 简 介

本书基于 Visual Studio 2013（VS2013），以项目教学的方式循序渐进地讲解 C#程序设计的基本原理和具体应用的方法与技巧。

全书共分为 9 个项目，具体内容包括 HelloWorld、图片移动、交通灯、霓虹灯与跑马灯、贪吃蛇、计算器、局域网聊天室、用户登录界面、企业人事管理系统。

本书实例丰富、内容翔实、操作方法简单易学，不仅适合职业院校计算机与软件工程相关专业的学生使用，而且可供从事 C#编程相关工作的专业人士参考。

本书附有电子资料，内容为书中所有实例的源文件及相关资源，以及实例操作过程的录屏，可供读者在学习中使用。

未经许可，不得以任何方式复制或抄袭本书之部分或全部内容。
版权所有，侵权必究。

图书在版编目（CIP）数据

C#程序设计 / 路炜，王黎，李敏主编．—北京：电子工业出版社，2023.4
ISBN 978-7-121-44729-7

Ⅰ．①C… Ⅱ．①路… ②王… ③李… Ⅲ．①C 语言—程序设计 Ⅳ．①TP312.8

中国版本图书馆 CIP 数据核字（2022）第 245248 号

责任编辑：王昭松　　　　　特约编辑：田学清
印　　刷：中煤（北京）印务有限公司
装　　订：中煤（北京）印务有限公司
出版发行：电子工业出版社
　　　　　北京市海淀区万寿路 173 信箱　　邮编：100036
开　　本：787×1092　1/16　　印张：12　　字数：307 千字
版　　次：2023 年 4 月第 1 版
印　　次：2023 年 4 月第 1 次印刷
定　　价：42.00 元

凡所购买电子工业出版社图书有缺损问题，请向购买书店调换。若书店售缺，请与本社发行部联系，联系及邮购电话：（010）88254888，88258888。
质量投诉请发邮件至 zlts@phei.com.cn，盗版侵权举报请发邮件至 dbqq@phei.com.cn。
本书咨询联系方式：（010）88254015，wangzs@phei.com.cn，QQ83169290。

# 前　言

　　C#是微软公司发布的一种由 C 和 C++衍生出来的面向对象的、运行于.NET Framework 和.NET Core（完全开源，跨平台）之上的高级程序设计语言。

　　C#是由 C 和 C++衍生出来的一种安全、稳定、简单、优雅的面向对象的编程语言。它在继承 C 和 C++强大功能的同时删除了一些它们的复杂特性（如没有宏及不允许多重继承）。C#综合了 VB 简单的可视化操作和 C++的高运行效率，以强大的操作能力、优雅的语法风格、创新的语言特性和便捷的面向组件编程的支持成为.NET 开发的首选语言。

　　本书以由浅入深、循序渐进的方式展开讲解，以合理的结构和经典的实例对 C#的基本功能与实用功能进行了详细介绍，具有极高的实用价值。通过本书的学习，读者不仅可以掌握 C#的基本知识和应用技巧，而且可以灵活地使用 C#进行各种编程的应用。

## 一、本书的特点

### ☑ 实例丰富

　　本书的实例数量多，种类丰富。本书结合大量的 C#编程实例，详细讲解了 C#原理与应用知识的要点，让读者在学习实例的过程中潜移默化地掌握 C#应用技巧。

### ☑ 突出提升技能

　　本书从全面提升 C#实际应用能力的角度出发，结合大量实例来讲解如何使用 C#，使读者了解 C#基本原理并能够独立地完成各种 C#应用操作。

　　本书的很多实例本身就是 C#开发项目案例，经过作者精心提炼和改编，不仅可以保证读者能够学好知识点，更重要的是，还可以帮助读者掌握实际操作技能，同时培养读者的 C#开发实践能力。

### ☑ 技能与思政教育紧密结合

　　本书在讲解 C#程序设计与开发专业知识的同时，紧密结合思政教育主旋律，从专业知识角度触类旁通地引导读者提升相关思政品质。

### ☑ 项目式教学，实操性强

　　本书的作者都是在高校从事 C#教学研究多年的一线人员，具有丰富的教学实践经验与教材编写经验，多年的教学工作使他们能够准确地把握读者的心理与实际需求。本书基于作者多年的开发经验及教学心得体会编写，力求全面、细致地展现 C#开发应用领域的各种功能和使用方法。

本书采用项目教学的方式,把C#理论知识分解并融入一个个实践操作的训练项目中,增强了本书的实用性。

## 二、本书的基本内容

本书通过项目案例对C#进行讲解,开发环境是VS2013,VS2013常用的应用程序有3种,分别是控制台应用程序、Windows窗体应用程序、ASP.NET Web应用程序。本书主要讲解Windows窗体应用程序。

全书共分为9个项目,具体内容为HelloWorld、图片移动、交通灯、霓虹灯与跑马灯、贪吃蛇、计算器、局域网聊天室、用户登录界面、企业人事管理系统。

## 三、关于本书的服务

为了方便各院校师生使用本书,随书附赠多媒体电子资源,读者可登录华信教育资源网(www.hxedu.com.cn)免费注册后下载。

本书由河北师范大学路炜、漯河食品职业学院的王黎和李敏担任主编,河北软件职业技术学院的王红艳、杨凌职业技术学院的刘元刚和张世勋担任副主编。本书的编写和出版得到了河北军创家园文化发展有限公司的大力支持和帮助,值此图书出版发行之际,向他们表示衷心的感谢。

编　者

# 目 录

项目一 HelloWorld ………………………… 1
 任务一 安装 VS2013 开发环境 …… 2
 任务二 创建控制台应用程序 ……… 3
  一、创建控制台应用程序
   项目 ……………………………… 4
  二、设置窗口布局 ……………… 4
  三、设置颜色主题 ……………… 5
  四、设置行号和字体 …………… 5
  五、录入代码 …………………… 6
  六、运行 ………………………… 7
  七、断点调试 …………………… 7
  八、项目文件构成 ……………… 9
 任务三 创建 Windows 窗体应用
   程序 ……………………………… 9
  一、创建 Windows 窗体应用
   程序项目 ……………………… 10
  二、添加控件 …………………… 10
  三、修改控件属性 ……………… 11
  四、给控件添加事件并录入
   代码 …………………………… 12
  五、运行 ………………………… 13
  六、项目文件构成 ……………… 14
 项目总结 …………………………………… 14
 项目提升 …………………………………… 14

项目二 图片移动 …………………………… 15
 任务一 知识点 ……………………… 16
  一、面向对象编程 ……………… 16
  二、类及其成员 ………………… 17
  三、常用的数据类型 …………… 18
  四、常量与变量 ………………… 19
 任务二 图片移动项目案例 ………… 21
  一、创建项目 …………………… 21
  二、界面布局 …………………… 21
  三、编写代码 …………………… 23
 项目总结 …………………………………… 29
 项目提升 …………………………………… 29

项目三 交通灯 ……………………………… 30
 任务一 知识点 ……………………… 31
  一、流程控制语句 ……………… 31
  二、运算符 ……………………… 35
  三、类型转换 …………………… 38
 任务二 交通灯项目案例 …………… 39
  一、创建项目 …………………… 39
  二、界面布局 …………………… 39
  三、编写代码 …………………… 41
 项目总结 …………………………………… 44
 项目提升 …………………………………… 45

项目四 霓虹灯与跑马灯 …………………… 46
 任务一 知识点 ……………………… 47
  一、数组 ………………………… 47
  二、结构 ………………………… 49
  三、枚举 ………………………… 51
 任务二 霓虹灯项目案例 …………… 52
  一、创建项目 …………………… 53
  二、界面布局 …………………… 53
  三、编写代码 …………………… 54
 任务三 跑马灯项目案例 …………… 57
  一、创建项目 …………………… 58

二、界面布局 …………………… 58
　　三、编写代码 …………………… 59
项目总结 ………………………………… 63
项目提升 ………………………………… 64

## 项目五　贪吃蛇 ………………………… 65

任务一　知识点 ………………………… 66
　　一、集合 ………………………… 66
　　二、泛型集合 …………………… 69
任务二　贪吃蛇项目案例 ……………… 74
　　一、创建项目 …………………… 74
　　二、界面布局 …………………… 75
　　三、编写代码 …………………… 78
项目总结 ………………………………… 91
项目提升 ………………………………… 92

## 项目六　计算器 ………………………… 93

任务一　知识点 ………………………… 94
　　一、装箱和拆箱 ………………… 94
　　二、计算器的功能 ……………… 96
任务二　计算器项目案例 ……………… 97
　　一、创建项目 …………………… 97
　　二、界面布局 …………………… 97
　　三、编写代码 …………………… 99
项目总结 ………………………………… 104
项目提升 ………………………………… 104

## 项目七　局域网聊天室 ………………… 106

任务一　UDP 聊天室项目案例 … 107
　　一、创建项目 …………………… 108
　　二、界面布局 …………………… 108
　　三、编写代码 …………………… 109

任务二　TCP 聊天室项目案例 …… 111
　　一、服务器端 …………………… 112
　　二、客户端 ……………………… 116
项目总结 ………………………………… 121
项目提升 ………………………………… 121

## 项目八　用户登录界面 ………………… 122

任务一　知识点 ………………………… 123
　　一、理解异常操作 ……………… 123
　　二、处理异常 …………………… 124
任务二　用户登录界面项目
　　　　案例 ………………………… 125
　　一、创建项目 …………………… 126
　　二、界面布局 …………………… 126
　　三、编写代码 …………………… 128
项目总结 ………………………………… 147
项目提升 ………………………………… 147

## 项目九　企业人事管理系统 …………… 148

任务一　知识点 ………………………… 149
　　一、三层架构 …………………… 149
　　二、各层的主要功能 …………… 150
任务二　企业人事管理系统项目
　　　　案例 ………………………… 151
　　一、系统功能的描述 …………… 152
　　二、搭建三层架构 ……………… 152
　　三、UI 界面布局 ………………… 155
　　四、编写代码 …………………… 164
项目总结 ………………………………… 184
项目提升 ………………………………… 184

**参考文献** ………………………………… 186

# 项目一

# HelloWorld

## 思政目标

- 培养学生的爱国情怀
- 引导学生科技创新
- 鼓励学生自强不息

## 技能目标

- 了解 C#
- 学会安装 VS2013
- 熟悉 VS2013 开发环境
- 学会使用 VS2013 创建项目
- 掌握 VS2013 的断点调试方法
- 了解项目的文档构成

## 项目导读

学习一门语言,首先要从编辑环境开始,本项目主要介绍 C#的编辑环境 VS2013。

# 任务一　安装 VS2013 开发环境

## 任务引入

C#怎么读？有些人读作"C 井（jǐng）"，这样对吗？C#有什么特点呢？C#用什么环境开发呢？怎样安装 C#呢？下面一一作答。

## 任务分析

作为一种高级语言，C#有很多优点，其中比较突出的优点就是开发环境十分好用，操作方便，初学者很容易上手。

## 知识准备

C#（读作"C Sharp"）是一种面向对象、面向组件的新式编程语言。C#源于 C 语言系列，在 TIOBE 排行榜上稳居前列。它是由微软（Microsoft）公司开发的。目前，C#开发人员广泛使用的 IDE（Integrated Development Environment，集成开发环境）是微软公司的 Visual Studio，其最新版本是 Visual Studio 2022（VS2022）。VS2022 有多个版本，其中社区版 Visual Studio Community 2022 是面向学生、开放源代码参与者和个人的免费且功能齐全的 IDE。本书使用的开发环境是 VS2013，可以在官网界面的左下角找到"较早的下载项"链接并单击进入，再找到 VS2013 的下载界面。本书中的所有代码均使用 Visual Studio Ultimate 2013 编写并调试通过。Visual Studio 的软件兼容性是向后兼容（向"落后"版本兼容）的，即用 VS2022 可以打开并运行用 VS2013 开发的项目。

VS2013 安装完成后，在首次启动时，需要指定常用的开发类型，随后 VS2013 将针对此开发类型的设置进行优化。如图 1-1 所示，在"选择默认环境设置"对话框中选择"Visual C#开发设置"选项。此对话框只会出现一次，后期如果想重新设置默认环境，可以选择"工具"→"导入和导出设置"→"重置所有设置"命令。

项目一　HelloWorld

图 1-1　"选择默认环境设置"对话框

## 任务二　创建控制台应用程序

### 任务引入

C#能开发像汇编语言、C 语言等黑屏白字的命令行程序吗？当然能！

### 任务分析

命令行程序在 VS2013 中被称为控制台应用程序，非常适合初学者在学习语法时使用。

### 项目实施

VS2013 常用的应用程序有 3 种，分别为控制台应用程序、Windows 窗体应用程序、ASP.NET Web 应用程序。本书在讲解 C#语法时使用控制台应用程序，在开发窗体项目时使用 Windows 窗体应用程序。

## 一、创建控制台应用程序项目

启动 VS2013 以后，选择"文件"→"新建"→"项目"命令，打开"新建项目"对话框，在左侧选择"Visual C#"选项，如果首次运行软件时在"选择默认环境设置"对话框中没有选择"Visual C#开发设置"选项，会默认选择其他选项，需要手动切换到"Visual C#"选项，并选择"控制台应用程序"选项，如图 1-2 所示。设置"位置"为"D:\CSharp\"，"名称"为"CHelloWorld"，约定控制台应用程序名称的首字符是"C"。

图 1-2　"新建项目"对话框

## 二、设置窗口布局

创建项目以后，先对环境布局进行设置，选择"视图"菜单，分别打开"工具箱""服务器资源管理器""解决方案资源管理器""属性""错误列表"5 个窗口，并通过移动光标来改变 5 个窗口的位置，最终达到如图 1-3 所示的布局效果。也可以通过"窗口"→"重置窗口布局"命令来设置，窗口布局可以根据个人的开发习惯进行设置。其中，"工具箱"和"属性"窗口在控制台应用程序中用不到，主要为后面的 Windows 窗体应用程序做准备，"服务器资源管理器"窗口也暂时用不到，在以后编写数据库的相关程序时使用。在"解决方案资源管理器"窗口中列出了项目中包含的所有文档，"错误列表"窗口用于项目调试，可以列出程序的出错信息。

项目一　HelloWorld

图 1-3　布局效果

## 三、设置颜色主题

可以通过"工具"→"选项"命令，打开"选项"对话框，如图 1-4 所示。在左侧选择"环境"→"常规"选项，在右侧对"颜色主题"选项进行设置，系统默认为"蓝色"，也可以根据个人习惯设置为"深色"，这样就变成了以深色为主的酷炫效果。

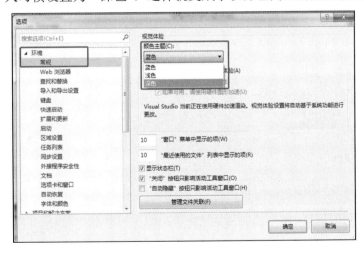

图 1-4　"选项"对话框 1

## 四、设置行号和字体

如图 1-5 所示，在"选项"对话框中，选择左侧的"文本编辑器"→"C#"选项，并勾选右侧的"行号"复选框，这样在代码编写界面的左侧就会显示行号。同理，还可以对文字大小等进行设置。文字大小可以通过滚动鼠标中键进行调整，方法是先把光标定位到代码编写界面，然后在按住"Ctrl"键的同时滚动鼠标中键。

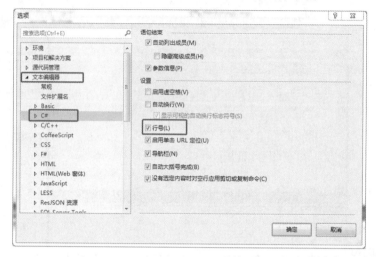

图 1-5 "选项"对话框 2

## 五、录入代码

窗口布局、字体等设置完成以后，在代码编写界面显示的是系统自动生成的代码，在 Main()方法中录入 3 行代码，完成第一个程序。由于 VS2013 中有代码提示功能，所以在录入代码时，对于包含字符个数比较多的关键字或变量名，只需要先录入前几个字母，然后配合方向键和回车键即可完成快速录入。完整代码如下：

```csharp
using System;
using System.Collections.Generic;
using System.Linq;
using System.Text;
using System.Threading.Tasks;

namespace CHelloWorld
{
    class Program
    {
        static void Main(string[] args)
        {
            string s;
            s = "Hello World!";
            Console.WriteLine(s);
        }
    }
}
```

代码说明：

① 关键字 using 用于引入命名空间。此项目自动引入 5 个命名空间。

② 关键字 namespace 用于定义此项目的命名空间为 CHelloWorld。

③ 关键字 class 用于定义类 Program。类名首字母一般大写，C#对字母是大写还是小写十分敏感。

④ Main()方法是程序的入口地址（或称主方法名），首字母大写，后面的小括号是参数列表。

⑤ 一对大括号指明了命名空间、类、方法（又叫作函数）的作用范围。

⑥ Main()方法中的 3 行代码是手动录入的，包含 3 条语句，每条语句都是以分号结束的。3 条语句的功能如下：

```
string s;                  //用关键字 string 定义一个变量 s
s="Hello World!";          //为变量 s 赋值
Console.WriteLine(s);      //调用类 Console 的 WriteLine()方法,把变量 s 的值输出到
                           //控制台上
```

## 六、运行

代码录入完成后，选择"调试"→"开始执行不调试"命令，或直接按"Ctrl+F5"组合键（键盘上有"Fn"键的计算机需要按"Fn+Ctrl+F5"组合键）运行并查看结果。以上代码运行结果如图 1-6 所示。按任意键关闭命令行窗口，结束程序运行。

图 1-6　运行结果

## 七、断点调试

断点调试是 VS2013 中常用的排错方法，可以帮助程序员快速找到逻辑错误的原因。在调试之前应先设置断点，断点一般设置在可能出错的语句的上一条语句中。假设在本程序中，要把断点设置在第 13 行，即语句 string s;所在行，则操作步骤如下。

① 单击第 13 行最前面的灰色区域，就会把这一行设置为断点，同时在行首会出现一个小红点（即断点），且这行的代码底纹变为深红色，如图 1-7 所示。

② 选择"调试"→"启动调试"命令或直接按"F5"键，也可以直接单击"启动"按钮，开始调试，程序运行后会停在这一行，等待下一步操作。若此时将光标悬停到变

量 s 上，那么可以看到变量 s 的当前值为 null，即空字符串，如图 1-8 所示。

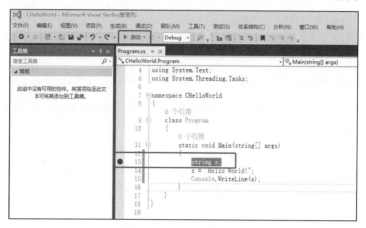

图 1-7 设置断点

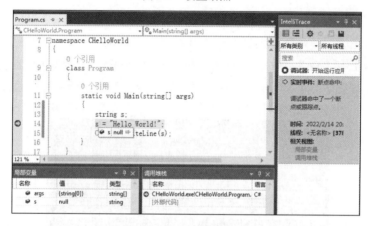

图 1-8 调试结果 1

③ 继续选择"调试"→"逐语句"命令或直接按"F11"键，执行完当前语句，进入下一条语句，此时将光标悬停到变量 s 上，就可以看到变量 s 的当前值为"Hello World!"，如图 1-9 所示。

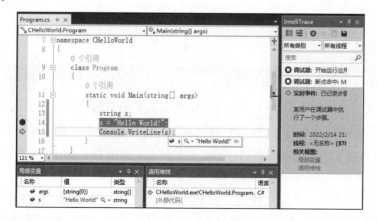

图 1-9 调试结果 2

④ 如此重复，不停地按"F11"键执行下去，可以跟踪变量的变化情况，直到找出错误。如果想取消断点，可以单击断点所在的代码行首，断点将会消失，即取消了断点。

## 八、项目文件构成

如图 1-10 所示，分别查看"解决方案资源管理器"窗口和项目存放的物理目录，通过对比可以发现以下内容。

在解决方案"CHelloWorld"下包含一个项目，即 CHelloWorld 和一个解决方案文件，即 CHelloWorld.sln（后缀.sln 表示是 VS2013 解决方案文件）。当然，通过后续的学习，学生还可以知道一个解决方案可以包含多个项目。

项目 CHelloWorld 中包含 3 个目录和 3 个文件夹。其中，在文件夹 bin 和 obj 中均可以找到可执行文件 CHelloWorld.exe，双击即可运行，在文件夹 Properties 中存放的是项目资源相关文件，App.config 是项目配置文件，CHelloWorld.csproj

图 1-10 "解决方案资源管理器"窗口

是 C#项目架构文件，Program.cs 是 C#源文件（手动编写的代码就存放在这里，其他代码都是 VS2013 自动生成的），如图 1-11 所示。

图 1-11 CHelloWorld 和 CHelloWorld.sln

# 任务三　创建 Windows 窗体应用程序

### 任务引入

C#除了可以开发命令行程序，还能开发类似 Windows 中那样的窗口程序吗？当然能。

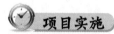

Windows 中的窗口程序在 VS2013 中被称为 Windows 窗体应用程序，其应用非常广泛。

## 一、创建 Windows 窗体应用程序项目

启动 VS2013 以后，选择"文件"→"新建"→"项目"命令，打开"新建项目"对话框，在左侧选择"Visual C#"选项，并选择中间的"Windows 窗体应用程序"选项，如图 1-12 所示。设置"位置"为"D:\CSharp\"，"名称"为"WHelloWorld"。约定 Windows 窗体应用程序名称的首字符是"W"。

图 1-12 "新建项目"对话框

## 二、添加控件

创建项目以后，选择"工具箱"窗口中的"公共控件"→"Button"选项，并将其拖动到 Form1 窗体中，这样就在 Form1 窗体中放置了一个按钮控件，如图 1-13 所示。或在"工具箱"窗口中选择"Button"选项，并将光标移动到 Form1 窗体中，光标会变为十字形，此时移动光标绘制一个按钮控件。这两种操作的效果是相同的。区别是前者放置的按钮大小是系统默认的，后者放置的按钮大小是绘制出来的。

项目一　HelloWorld

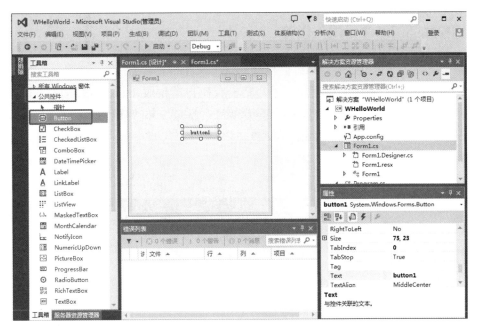

图 1-13　添加按钮控件

### 三、修改控件属性

添加按钮控件以后，先单击刚刚放置的按钮控件，然后在"属性"窗口中选择"Text"选项，将原来的"button1"修改为"点我一下"，如图 1-14 所示。此时，窗体中的按钮控件会显示"点我一下"。

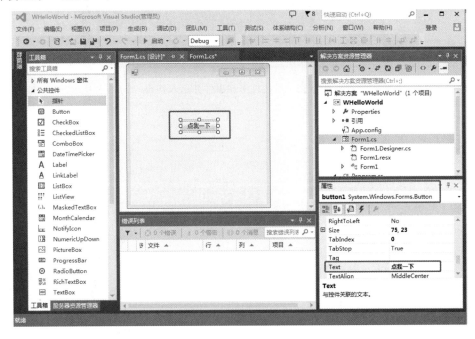

图 1-14　修改控件属性

## 四、给控件添加事件并录入代码

双击"点我一下"按钮，系统会自动为这个按钮控件添加 Click 事件，同时会自动切换到"Form1.cs"窗口，此时可以发现后台代码自动生成 button1_Click()方法。在这个方法中录入一行代码（见图 1-15），会发现"工具箱"和"属性"窗口中的内容都消失了，这是正常的，切换到"Form1.cs[设计]"窗口，这两个窗口中的内容就恢复了。

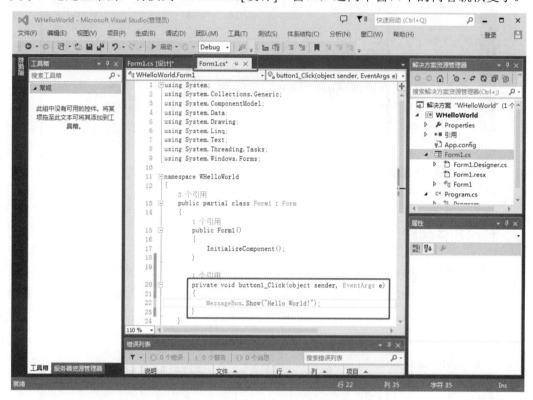

图 1-15　给控件添加事件并录入代码

完整代码如下：

```
using System;
using System.Collections.Generic;
using System.ComponentModel;
using System.Data;
using System.Drawing;
using System.Linq;
using System.Text;
using System.Threading.Tasks;
using System.Windows.Forms;

namespace WHelloWorld
{
    public partial class Form1 : Form
```

```
        {
            public Form1()
            {
                InitializeComponent();
            }

            private void button1_Click(object sender, EventArgs e)
            {
                MessageBox.Show("Hello World!");
            }
        }
    }
```

代码说明：

① 关键字 using 用于引入命名空间。此项目自动引入 9 个命名空间。

② 关键字 namespace 用于定义此项目的命名空间为 WHelloWorld。

③ 关键字 class 用于定义类 Form1；关键字 partial 用于说明类 Form1 是分部类，其中一部分在 Form1.cs 文件中，另一部分在 Form1.Designer.cs 文件（系统自动生成）中；冒号用于说明子类 Form1 继承自父类 Form。

④ button1_Click()方法是在设计窗口界面双击按钮自动生成的方法，绑定了按钮的 Click 事件，后面的小括号是参数列表。

⑤ 程序的入口地址 Main()方法在另一个文件 Program.cs 中。

⑥ button1_Click()方法中的一行代码是手动录入的，包含一条语句，功能是调用类 MessageBox 的 Show()方法，会弹出一个消息对话框，消息内容是"Hello World!"。

## 五、运行

在代码录入完成后，直接单击"调试"菜单栏下方的"启动"按钮，开始运行。运行后，单击"点我一下"按钮，弹出消息对话框，消息内容是"Hello World!"，运行结果如图 1-16 所示。关闭消息对话框和 Form1 窗体，结束程序运行。

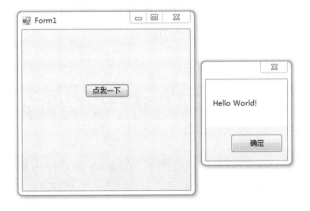

图 1-16　运行结果

## 六、项目文件构成

图 1-17　"解决方案资源管理器"窗口

如图 1-17 所示，分别查看"解决方案资源管理器"窗口和项目存放的物理目录，通过对比可以发现与控制台应用程序不同的是，Windows 窗体应用程序的入口地址 Main()方法存放在 C#源文件 Program.cs 中，并通过源文件 Program.cs 调用类 Form1，而类 Form1 是分部类，分别存放在文件 Form1.cs 和 Form1.Designer.cs 中。手动编写的代码存放在文件 Form1.cs 中，文件 Form1.Designer.cs 中存放的是系统自动生成的代码，文件 Form1.resx 中存放的是类 Form 中使用的资源，如图 1-18 所示。

图 1-18　WHelloWorld 和 WHelloWorld.sln

## 项目总结

本项目讲解了 C#开发环境 VS2013 的安装、设置和使用；分别用控制台应用程序和 Windows 窗体应用程序实现了入门程序 HelloWorld；讲解了断点调试排错方法的详细步骤，以后会经常使用；分析了解决方案的文件构成，对于以后涉及的代码分享和项目迁移等问题，最好把整个解决方案目录打包复制。

## 项目提升

创建两个程序，分别是控制台应用程序和 Windows 窗体应用程序。项目名称为自己姓名的全拼，输出一句话："我是 XXX，这是我的第一个 C#程序。"

# 项目二

# 图片移动

## 思政目标

- ➢ 培养学生的规范意识
- ➢ 引导学生勇于探索和尝试

## 技能目标

- ➢ 了解面向对象编程
- ➢ 学会类及其成员的定义和使用
- ➢ 掌握 C#中常用的数据类型
- ➢ 学会常量与变量的定义和使用
- ➢ 掌握 C#中注释的用法
- ➢ 掌握 WinForm 中常用控件 Button、Label、PictureBox、Timer、Panel 等的使用
- ➢ 掌握 WinForm 中控件常用事件 Click、Load 的使用

## 项目导读

　　了解了 C#的开发流程以后,开始正式学习 C#的语法结构。为了提升学习兴趣,本项目引入"图片移动"项目,一边操作一边学习语法,VS2013 可以用鼠标操作来代替编程,让编程变得更容易。

# 任务一 知识点

### 任务引入

前面介绍了C#的两种HelloWorld应用程序的开发流程，内容比较简单。学习后，你是否对C#编程产生了浓厚的学习兴趣呢？为了更好地掌握C#，下面开始学习C#的基本语法。

### 任务分析

C#的语法和C语言的语法极其相似，或者可以被认为对C语言进行了改进，增加了面向对象的开发理念。

### 知识准备

## 一、面向对象编程

在面向对象编程中，对象（处理事物的一种抽象）是程序的基本元素，它将数据和操作紧密地结合在一起，并保护数据不被外界的函数意外改变。同时，在面向对象编程中引入了类。类是对象的模板，是一种数据类型，集数据和操作于一体，具有封装、继承、多态的特性。

封装：让类能够隐藏内部实现细节，以免有不希望的修改，进而导致内部状态无效或不一致。例如，在启动汽车的过程中，司机只需插入钥匙并转动即可，至于汽车启动的具体过程是隐藏的，这样就对内部进行了隐藏，而且没有钥匙也无法实现对内部的操作。

继承：面向对象程序设计的主要特征之一，可以重用代码，节省程序编写的时间。继承就是在类与类之间建立的一种相交关系，使得新定义的派生类不仅可以继承已有基类的特征（属性）和能力（方法），而且可以加入新的特性或修改已有特性，建立起类的新层次。

多态：面向对象编程中的三大机制之一，是建立在"从父类继承而来的子类可以转换为其父类"这个规则之上的，换句话说，能用父类的位置，就能用对应父类的子类。当从父类中派生了很多子类时，由于每个子类都由不同的代码实现，所以当用父类来引用这些子类时，使用同样的操作可以表现出不同的操作结果，这就是所谓的多态。在运行时，可以通过指向基类的指针来调用派生类中的方法。

## 二、类及其成员

类是一种构造类型，使用这种构造类型可以将其他类型的变量、方法和事件组合在一起，从而创建自定义类型。类就像一个蓝图，可以定义类型的数据和行为。如果类没有被声明为静态类，则客户端代码可以创建赋给变量的"对象"或"实例"，从而使用这个类。如果类被声明为静态类，则内存中只存在一个副本，并且客户端代码只能通过这个类自身而不是"实例变量"访问这个类。关键字 class 前面是访问修饰符，主要包括 private、protected、public 等。类的名称位于关键字 class 的后面。定义的其余部分是类的主体，用于定义行为和数据。类的字段、属性、方法和事件统称为"类成员"。在 C#中，类是隐式地从 object 派生而来的引用类型。要定义类，可以使用关键字 class。类体（body）是在左大括号和右大括号内定义的，用于定义类的数据和行为。

在 C#中，访问修饰符指定了类的外部成员的访问权限，以及对继承的限制。

访问修饰符如下。

- 对于命名空间，不能指定访问修饰符，默认为 public。
- 类的访问修饰符默认为 internal（内部），但可以声明为 public 或 internal；嵌套类的访问修饰符默认为 private，但也可以声明为 5 种访问修饰符中的任意一种。
- 类成员的访问修饰符默认为 private，但可以将其声明为 5 种访问修饰符中的任意一种。

类的访问修饰符如表 2-1 所示。

表 2-1 类的访问修饰符

| 修饰符 | 描述 |
| --- | --- |
| public | 访问不受限制 |
| protected | 只能在所属类或从它派生而来的类中访问 |
| internal | 只能在所属程序集中访问 |
| protected internal | 只能在所属程序集或从所属类派生而来的类中访问 |
| private | 只能在所属类中访问 |

字段是一种变量，表示与类相关的数据。字段是在类的最外层作用域内定义的变量，字段要么是实例字段，要么是静态字段，可以使用 5 种访问修饰符中的任意一种，默认为 private。如果在声明字段时没有指定初始值，将根据其类型赋给相应的默认值。由于常量指在编译阶段能够计算出来的值，因此必须在声明常量的同时赋值。

常量通常是值类型或字面字符串，因为除 string 外，要创建其他引用类型的非 null 值，唯一的方法是使用 new 运算符，但是不允许这样操作。常量应该是恒定不变的，在创建常量时，应确保它从逻辑上说是恒定不变的。

由于字段表示状态和数据，通常是私有的，所以必须有一种机制让类能够向外提供信息。如果把字段的修饰符改成 public，就会违反封装规则，导致可以从类外部直接操作字段。这样就引入了属性，其访问语法与字段相同，但访问修饰符不同于字段。属性提供了一种访问字段的简单方式，是公有的，同时能够隐藏字段的内部细节。

由于字段被声明为变量，因此需要占用内存空间，但属性不需要。属性是使用访问器声明的，访问器能够控制值是否可读/写及在读/写时将发生的情况。get 访问器用于读取值，而 set 访问器用于写入值。get 访问器使用一条 return 语句，这条语句命令访问器返回指定的值。set 访问器将字段设置为 value 值，value 是一个上下文关键字，来源于调用者提供的值，且类型与属性的类型相同。

字段和属性定义并实现了数据，方法用来定义可执行的行为或动作。

在方法声明中，不仅可以指定 5 种访问修饰符中的任意一种，而且可以给方法指定修饰符 static。方法可以接收零或多个参数，参数是使用形参列表声明的。形参列表由一个或多个用逗号分隔的参数组成。对于每个参数，都必须指定其类型和标识符。如果方法不接收任何参数，则必须指定空参数列表。

参数分为 3 类，具体如下。

- 值参数：十分常见。在调用方法时，对于每个值参数，都将隐式地创建一个局部变量，并将参数列表中相应的值赋给它。
- 引用参数：不额外占用内存空间，指向参数列表中相应参数的存储位置。引用参数使用 ref 声明，在形参列表和实参列表中都必须使用这个关键字。
- 输出参数：类似于引用参数，但在形参列表和实参列表中都必须使用关键字 out。与引用参数不同的是，在方法返回前，必须给输出参数赋值。

🔍 注意

要让定义的方法执行所需的动作，必须调用定义的方法。如果方法需要输入参数，那么必须在实参列表中指定它们。如果方法提供输出值，那么这个值也可以存储在变量中。实参列表与形参列表之间通常存在一对一的关系，这意味着在调用方法时，对于每个形参，都必须按照正确的顺序提供类型合适的值。

## 三、常用的数据类型

C#是一种类型安全的静态语言。这要求在创建任何变量时，必须将其数据类型显式地告诉编译器，编译器将确保只将兼容的数据类型存储到变量中。

在 C#中，类型是对值的描述，一般分为两类，即值类型（实际值）和引用类型（指向实际数据的引用）。两者的区别如下。

- 所有值类型都继承自 System.ValueType，所有引用类型都继承自 System.Object。
- 值类型不能作为其他任何类型的基类型，数据存储在内存的栈区；引用类型可以作为其他类型的基类型，数据存储在内存的堆区。
- 值类型的存取速度快，引用类型的存取速度慢。

- 值类型表示实际数据，引用类型表示指向存储在内存堆中的数据的指针或引用。
- 值类型是完全独立的，"按值"复制。这意味着值类型变量包含其数据，不会因为处理一个变量而影响其他变量。值类型又分为结构、枚举和可以为 null 的类型等。引用类型包含指向实际数据的引用。这意味着两个变量可能指向同一个对象，而操作其中一个变量将影响另一个变量。引用类型又分为类、数组、接口和委托。

C#预定义了一组类型，这组类型对应通用类型系统中的类型。其中，除了 object 和 string，其他所有预定义类型都是值类型。

常用的数据类型如表 2-2 所示。

表 2-2　常用的数据类型

| 关　键　字 | 描　　述 |
| --- | --- |
| bool | 逻辑布尔值 |
| byte | 8 位无符号整数 |
| char | 16 位字符 |
| decimal | 128 位数字，有效数位为 28 位以上，多用于表示浮点数 |
| double | 64 位双精度浮点数，用于减少误差 |
| float | 32 位单精度浮点数 |
| int | 有符号 32 位整数 |
| long | 有符号 64 位整数 |
| sbyte | 有符号 8 位整数 |
| short | 有符号 16 位整数 |
| uint | 无符号 32 位整数 |
| ulong | 无符号 64 位整数 |
| ushort | 无符号 16 位整数 |
| object | 其他所有值类型和引用类型的基类，用来存放各种类型的数据，尤其是当类型不能确定时的数据 |
| string | 字符串 |
| void | 空类型 |

## 四、常量与变量

变量可以被简单地理解为一个存储位置，其中的值可以变化。变量大致可以分为全局变量和局部变量，其中局部变量为主要的存在形式。变量可以通过指定类型、标识符和可选的初始值来定义。

定义变量：

```
int a;
int b=1;
int c,d;
```

字段是在限定作用域内声明的变量，要么与类型本身相关联，要么与类型的一个实例相关联。在前一种情况下，变量被称为静态变量（全局变量）；在后一种情况下，变量被称为实例变量。在使用局部变量和字段之前，必须将其初始化。另外，只有在这些变量的声明所属的代码块内才能访问它们。

常量表示在编译阶段可计算的值,常量与类型本身相关联,就像是静态的。与变量相同的是,常量既可以在限定作用域内声明,又可以是全局的。与变量不同的是,必须在声明常量时进行初始化。

声明常量:

```
const int MAX_VALUE = 10;
```

声明变量或常量的语句通常被称为声明语句,在C#环境中可位于任何位置。在声明变量、字段或常量时,必须指定数据类型并提供有意义的名称(标识符)。定义标识符必须遵循以下规则。

- 只能包含字母、数字和下画线。
- 必须以字母或下画线开头。
- 在给定的声明空间内,标识符必须是唯一的。
- 标识符区分大小写。
- 应易于阅读理解,尽可能具有丰富的含义。

在C#中,标识符是区分大小写的。建议使用以下命名约定:对于变量、参数使用Camel大小写规则,这个规则要求除第一个单词外,其他单词的首字母都使用大写形式,如schoolName;对于类名等使用Pascal大小写规则,这个规则要求每个单词的首字母都使用大写形式,如GetScore。

由于标识符定义了特定元素的名称,因此C#保留了一些标识符供自己使用,即关键字。

C#中常用的关键字如表2-3所示。

表2-3 C#中常用的关键字

| abstract | as | base | bool | break |
| --- | --- | --- | --- | --- |
| byte | case | catch | char | checked |
| class | const | continue | decimal | default |
| delegate | do | double | else | enum |
| event | explicit | extern | false | finally |
| fixed | float | for | foreach | goto |
| if | implicit | in | int | interface |
| internal | is | lock | long | namespace |
| new | null | object | operator | out |
| override | params | private | protected | public |
| short | sizeof | this | throw | true |
| try | typeof | uint | ulong | unchecked |
| unsafe | ushort | using | virtual | void |
| volatile | while | | | |

续表

| add | alias | asceding | by | descending |
|---|---|---|---|---|
| dynamic | equals | from | get | global |
| group | into | join | let | on |
| orderby | partial | remove | select | set |
| value | var | where | yield | |

**注意**

在表 2-3 中，加粗的关键字为上下文关键字，虽然它们仅在特定情况的上下文中有特殊意义，但是也应尽量避免使用。

## 任务二　图片移动项目案例

### 任务引入

语法学习通常比较枯燥，下面进行一个有意思的小项目，通过项目的开发来巩固对语法知识的学习和应用。从这个意义上来说，只有不断探索和尝试，才能逐步掌握新知识。

### 任务分析

图片移动项目的开发是循序渐进的，先放一张图片到 Windows 窗体中，然后让图片动起来，进而控制图片按照不同的规则移动。

### 项目实施

#### 一、创建项目

启动 VS2013 以后，选择"文件"→"新建"→"项目"命令，打开"新建项目"对话框，在左侧选择"Visual C#"选项，并选择中间的"Windows 窗体应用程序"选项，设置"位置"为"D:\CSharp\"，"名称"为"WPictureMove"。

#### 二、界面布局

本项目主要使用按钮控制图片在 Windows 窗体中的运动方式，界面布局如图 2-1 所示。从"工具箱"窗口中依次将每个控件添加到 Form1 窗体中，其中 PictureBox 控件用于存放图片，Timer 控件用于控制图片的循环移动。

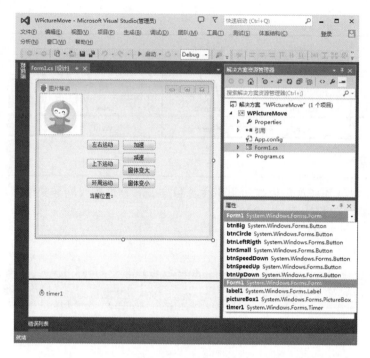

图 2-1　界面布局

主要控件的属性和事件设置如表 2-4 所示。选择某个控件以后，单击"属性"窗口中的"属性"按钮 （光标悬停时有文字提示），可以设置控件的属性；双击控件可以添加默认事件，如 Form 控件的默认事件是窗体加载事件 Load，Button 控件的默认事件是按钮单击事件 Click 等，也可以单击"属性"窗口中的"事件"按钮，找到要添加的事件，通过双击事件值来添加非默认事件，如本项目窗体中非默认事件 Click 和 SizeChanged 的添加。

表 2-4　主要控件的属性和事件设置

| 控件类别 | Name 属性值 | 其他属性 | 其他属性值 | 事件 | 事件值 |
| --- | --- | --- | --- | --- | --- |
| Form | Form1 | Size | 400,350 | Click | Form1_Click |
| | | StartPosition | CenterScreen | SizeChanged | Form1_SizeChanged |
| | | Text | 图片移动 | | |
| | | Icon | 选择任意.ico 图标文件 | | |
| Button | btnLeftRight | Text | 左右运动 | Click | btnLeftRight_Click |
| | btnUpDown | Text | 上下运动 | Click | btnUpDown_Click |
| | btnCircle | Text | 环周运动 | Click | btnCircle_Click |
| | btnSpeedUp | Text | 加速 | Click | btnSpeedUp_Click |
| | btnSpeedDown | Text | 减速 | Click | btnSpeedDown_Click |
| | btnBig | Text | 窗体变大 | Click | btnBig_Click |
| | btnSmall | Text | 窗体变小 | Click | btnSmall_Click |

续表

| 控件类别 | Name 属性值 | 其他属性 | 其他属性值 | 事件 | 事件值 |
|---|---|---|---|---|---|
| Label | label1 | Text | 当前位置 | | |
| PictureBox | pictureBox1 | Image | 选择任意.jpg 或.gif 图片文件 | | |
| | | SizeMode | Zoom | | |
| Timer | timer1 | | | Tick | timer1_Tick |

Form1 的 Icon 属性用于设置 Windows 窗体左上角的图片，可以任意后缀名为.ico 的图标文件，本项目使用的是一个七星瓢虫的图标。

pictureBox1 专门用于放置图片，通过设置其 Image 属性来添加图片。选择 Image 属性后，单击后面的"三个点"按钮，选择"本地资源"→"导入"选项，先选择一个图片文件，本项目使用的是一个卡通图片，再设置图片的缩放模式，方法是选择 PictureBox，并选择"大小模式"为"Zoom"，也可以设置 SizeMode 属性的属性值为 Zoom。这样做的本质是设置 PictureBox 控件的 SizeMode 属性，SizeMode 属性可以设置为系统枚举类型 PictureBoxSizeMode 的某个值。枚举 PictureBoxSizeMode 的描述如表 2-5 所示。

表 2-5 枚举 PictureBoxSizeMode 的描述

| 枚举值 | 描述 |
|---|---|
| Normal | 图片被放置于 PictureBox 控件的左上角。如果图片比包含它的 PictureBox 控件大，则该图片将被剪裁 |
| StretchImage | PictureBox 控件中的图片被拉伸或收缩，以适合 PictureBox 控件的大小 |
| AutoSize | 调整 PictureBox 控件的大小，使其等于所包含的图片大小 |
| CenterImage | 如果 PictureBox 控件比图片大，则图片将居中显示。如果图片比 PictureBox 控件大，则图片将居于 PictureBox 控件的中心，而外边缘将被剪裁 |
| Zoom | 图片大小按其原有的大小比例被增大或减小 |

### 三、编写代码

前台界面（"Form1.cs[设计]"窗口）设置完成后，右击"Form1"，在弹出的快捷菜单中选择"查看代码"命令可以进入代码编写界面（"Form1.cs"窗口），或右击"解决方案资源管理器"窗口中的文件"Form1.cs"，在弹出的快捷菜单中选择"查看代码"命令也可以进入代码编写界面。

（1）定义窗体的公共变量（即类 Form1 的字段）。

```
#region 定义 6 个字段
    int size = 1;//运动方向，1: 正向；-1: 负向
    int step = 1;//运动步长
    int flag = 1;//运动方式，1: 左右运动；2: 上下运动；3: 环周运动
    int locationP = 1;//环周运动时的位置，1: 上边沿；2: 右边沿；3: 下边沿；4: 左边沿
    int maxWidth = 0,maxHeight=0;//maxWidth 为最右侧的位置，maxHeight 为最下面的
                                 //位置

#endregion
```

这里用到了 C#中的两种注释（编译器会忽略注释，只为提高可读性）方式，具体如下。

① 单行注释：以//开头，并持续到行尾。

② 代码块注释：一种预处理指令，以#region 开头，以#endregion 结束，中间的代码块可以折叠起来，#region 所在行的后面的文字描述即为注释。在本项目中采用了两个代码块注释，可以将多行代码进行折叠，如图2-2所示。

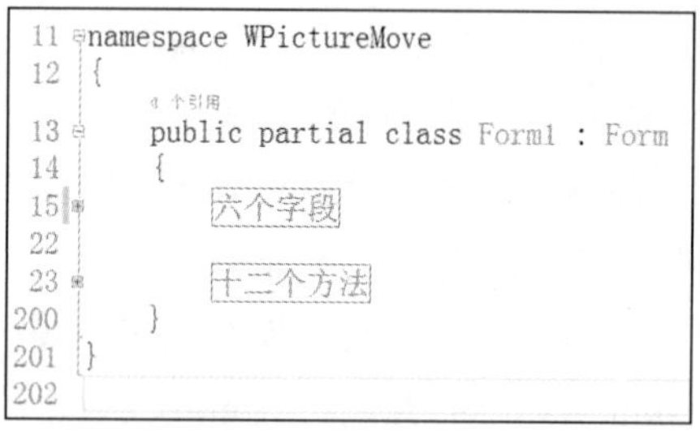

图2-2 代码块注释

除此之外，C#中还有另外两种注释，具体如下。

① 多行注释：以/*开头，以*/结束。

② XML 注释：以///开头，常用于方法前，在某个方法前新起一行并输入///，VS2013会自动增加 XML 注释，此时///会被编译，所以使用///会降低编译速度，但不会影响执行速度，使用///会在别人调用代码时提供智能感知和提示。

（2）编写自定义方法 move()。move()方法用于选择3种不同的运动方式。这里的前4行使用的就是 XML 注释。move()方法写完之后，在其上方新起一行并输入///，系统会自动生成 XML 注释的格式，此时在空白处填写相应的注释即可。在 WinForm 中，左上角的坐标是（0, 0）。若向右运动，则横坐标（pictureBox1.Left）增加；若向下运动，则纵坐标（pictureBox1.Top）增加。

```
/// <summary>
/// 图片的运动
/// </summary>
/// <param name="flag">指明运动方式，1：左右运动；2：上下运动；3：环周运动</param>
void move(int flag)
{
    if (flag == 1)//左右运动
    {
        this.Text = "图片运动——正在做左右运动，速度是" + step;
        pictureBox1.Left += step * size;
        if (pictureBox1.Left >= this.Width - pictureBox1.Width)
            size = -1;
        if (pictureBox1.Left < 0)
            size = 1;
    }
```

```csharp
else if (flag == 2)//上下运动
{
    this.Text = "图片运动——正在做上下运动,速度是" + step;
    pictureBox1.Top += step * size;
    if (pictureBox1.Top >= this.Height - pictureBox1.Height)
        size = -1;
    if (pictureBox1.Top < 0)
        size = 1;
}
else if (flag == 3)//环周运动
{
    this.Text = "图片运动——正在做环周运动,速度是" + step;
    maxWidth = this.Width - pictureBox1.Width - 10;
    maxHeight = this.Height - pictureBox1.Height - 40;
    if (locationP == 1)//上边沿
    {
        pictureBox1.Left += step;
        if (pictureBox1.Left >= maxWidth)
        {
            locationP = 2;
        }
    }
    else if (locationP == 2)//右边沿
    {
        pictureBox1.Top += step;
        if (pictureBox1.Top >= maxHeight)
        {
            locationP = 3;
        }
    }
    else if (locationP == 3)//下边沿
    {
        pictureBox1.Left -= step;
        if (pictureBox1.Left <= 0)
        {
            locationP = 4;
        }
    }
    else if (locationP == 4)//左边沿
    {
        pictureBox1.Top -= step;
        if (pictureBox1.Top <= 0)
            locationP = 1;
    }
```

        }
    }

（3）编写 timer1_Tick()方法。timer1_Tick()方法是双击 timer1 自动生成的，只需要手动添加两行代码，用于显示图片当前位置，并调用 move()方法。timer1_Tick()方法默认每隔 100 毫秒执行一次，这个间隔可以通过设置 timer1 的 Interval 属性进行修改。

```
private void timer1_Tick(object sender, EventArgs e)
{
    label1.Text = "当前位置: " + pictureBox1.Left + "," + pictureBox1.Top;
    move(flag);
}
```

（4）编写"左右运动"按钮的单击事件绑定的方法 btnLeftRight_Click()，让图片做左右运动。btnLeftRight_Click()方法是双击 btnLeftRight 自动生成的。

```
private void btnLeftRight_Click(object sender, EventArgs e)
{
    pictureBox1.Left = 0;
    pictureBox1.Top = 0;//定位图片的起始位置，即窗体的左上角
    flag = 1;//设置运动方式是左右运动
    timer1.Enabled = true;//启动 timer1，每隔 100 毫秒调用一次 move()方法
}
```

（5）编写"上下运动"按钮的单击事件绑定的方法 btnUpDown_Click()，让图片做上下运动。btnUpDown_Click()方法是双击 btnUpDown 自动生成的。

```
private void btnUpDown_Click(object sender, EventArgs e)
{
    pictureBox1.Left = 0;
    pictureBox1.Top = 0;//定位图片的起始位置，即窗体的左上角
    flag = 2;//设置运动方式是上下运动
    timer1.Enabled = true;//启动 timer1，每隔 100 毫秒调用一次 move()方法
}
```

（6）编写"环周运动"按钮的单击事件绑定的方法 btnCircle_Click()，让图片做环周运动。btnCircle_Click()方法是双击 btnCircle 自动生成的。

```
private void btnCircle_Click(object sender, EventArgs e)
{
    pictureBox1.Left = 0;
    pictureBox1.Top = 0;//定位图片的起始位置，即窗体的左上角
    flag = 3;//设置运动方式是环周运动
    timer1.Enabled = true;//启动 timer1，每隔 100 毫秒调用一次 move()
}
```

（7）编写"加速"按钮的单击事件绑定的方法 btnSpeedUp_Click()，让图片做加速运动。btnSpeedUp_Click()方法是双击 btnSpeedUp 自动生成的。

```
private void btnSpeedUp_Click(object sender, EventArgs e)
{
    btnSpeedDown.Enabled = true;//激活"减速"按钮
    if (step < 20)
    {
        step++;
    }
    else
    {
        btnSpeedUp.Enabled = false;//当速度达到最高速时,禁用"加速"按钮
    }
}
```

（8）编写"减速"按钮的单击事件绑定的方法 btnSpeedDown_Click()，让图片做减速运动。btnSpeedDown_Click()方法是双击 btnSpeedDown 自动生成的。

```
private void btnSpeedDown_Click(object sender, EventArgs e)
{
    btnSpeedUp.Enabled = true;//激活"加速"按钮
    if (step > 0)
    {
        step--;
    }
    else
    {
        btnSpeedDown.Enabled = false;//当速度达到最低速时,禁用"减速"按钮
    }
}
```

（9）编写"窗体变大"按钮的单击事件绑定的方法 btnBig_Click()，让窗体变大。btnBig_Click()方法是双击 btnBig 自动生成的。

```
private void btnBig_Click(object sender, EventArgs e)
{
    btnSmall.Enabled = true;//激活"窗体变小"按钮
    if (this.Width <= 1280 - 50 && this.Height <= 768 - 50)
    {
        this.Width += 50;
        this.Height += 50;//每单击一次,窗体宽度和高度分别增大50个像素
    }
    else
    {
        btnBig.Enabled = false;//当窗体增大到最大尺寸（1280像素×768像素）时,
                                //禁用"窗体变大"按钮
    }
}
```

（10）编写"窗体变小"按钮的单击事件绑定的方法 btnSmall_Click()，让窗体变小。

btnSmall_Click()方法是双击 btnSmall 自动生成的。

```csharp
private void btnSmall_Click(object sender, EventArgs e)
{
    btnBig.Enabled = true;//激活"窗体变大"按钮
    if (this.Width >=400+50 && this.Height >=350+50)
    {
        this.Width -= 50;
        this.Height -= 50;
    }
    else
    {
        btnSmall.Enabled = false;//当窗体减小到最小尺寸(400像素×350像素)时,
                                 //禁用"窗体变小"按钮
    }
}
```

（11）编写 Form1 的单击事件绑定的方法 Form1_Click()，实现当单击窗体空白处时图片暂停运动，再次单击时图片会继续运动。Form1_Click()方法是先选择 Form1，单击"属性"窗口中的"事件"按钮，然后找到 Click 事件，双击 Click 事件的事件值添加的，而并非双击 Form1 自动生成的。这是因为 Click 事件不是 Form 控件的默认事件，Form 控件的默认事件是 Load 事件。

```csharp
private void Form1_Click(object sender, EventArgs e)
{
    timer1.Enabled = !timer1.Enabled;//互相取反,实现暂停和启动的切换
}
```

（12）编写 Form1 的大小改变事件绑定的方法 Form1_SizeChanged()，实现在通过移动光标或使用按钮来改变窗体大小时，图片可以跟随窗体移动。Form1_SizeChanged()方法是先选择 Form1，单击"属性"窗口中的"事件"按钮，然后双击 SizeChanged 事件的事件值添加的。

```csharp
private void Form1_SizeChanged(object sender, EventArgs e)
{
    maxWidth = this.Width - pictureBox1.Width - 10;
    maxHeight = this.Height - pictureBox1.Height - 40;
    if (locationP == 2)//右边沿
    {
        pictureBox1.Left = maxWidth;
    }
    if (locationP == 3)//下边沿
    {
        pictureBox1.Top = maxHeight;
    }
}
```

## 项目总结

本项目是第一个较实用的程序，也算是一个小游戏，主要是为了培养学生的编程兴趣，同时使读者熟悉 Windows 窗体中常用控件的使用。在学习过程中，学生应养成良好的编程习惯，如控件命名要规范，字段、方法、关键语句要有注释，以提高程序的可读性。

## 项目提升

改进图片移动项目，添加"逆时针旋转"按钮，并在单击这个按钮时可以实现图片的逆时针旋转。

# 项目三

# 交通灯

## 思政目标

- 教育学生要有实事求是的精神
- 培养学生的公德意识
- 培养学生严谨、细致的好习惯

## 技能目标

- 熟练掌握 C#中的流程控制语句
- 熟练掌握各种运算符的用法和优先级
- 掌握不同数据类型之间的转换方法
- 掌握 WinForm 中控件（如 TextBox、ComboBox）的使用方法
- 学会使用 Resources 类来实现图片切换

## 项目导读

除了用鼠标来控制软件，还可以通过键盘输入完成更准确地计时和图片切换操作。本项目将通过模拟交通灯来学习类型转换及流程控制语句的使用。

# 任务一 知识点

## 任务引入

在 C#中有哪些流程控制语句呢？除了基本的算术运算符，还有哪些运算符呢？

## 任务分析

为了控制程序的执行，C#提供了选择语句、迭代语句和跳转语句。和 C 语言类似，C#中除了算术运算符，还有关系运算符、逻辑运算符、赋值运算符等。

## 知识准备

### 一、流程控制语句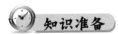

由于 C#在局部代码片段内遵循的依然是过程型编程语言（其特征是程序调用的先后顺序与定义的先后顺序之间有关联），因此语句按其在源码中出现的顺序依次执行。如果完全按照固定的顺序执行，那么将缺乏灵活性。因此，需要根据测试条件的结果决定要执行的语句。C#提供了流程控制语句，可以改变执行顺序。所有流程控制语句都具有相同的基本特征，即根据一组条件选择要执行的语句。流程控制语句一般分为选择语句、迭代语句（循环语句）、跳转语句。

（一）选择语句

选择语句的主要功能是根据表达式的值选择性地执行多条语句中的一条，包括 if 语句和 switch 语句。

1．if 语句

if 语句是基本的选择语句，根据一个布尔表达式的结果选择执行一条语句。其基本语法形式为：

```
if(条件表达式)
{
    满足条件的语句组
}
```

或

```
if(条件表达式)
{
    满足条件的语句组
}
else
{
    不满足条件的语句组
}
```

在编写 if 语句时，常见的问题是 else 语句不匹配，即代码的缩进格式与实际的控制流程不匹配。同时，如果没有使用大括号将 if 子句或 else 子句括起来，那么 else 子句将永远与在它前面且距它最近的 if 子句进行配对。为了避免理解和执行错误，最好使用大括号清楚地指出 else 语句对应的 if 语句。

if 和 else 引导的被执行的语句可以是任何有效的语句（代码片段），包括另一条 if 语句。在这种情况下执行的语句，被称为嵌套 if 语句。

在检查一系列互斥的条件时，可以使用级联 if 语句，即在 else 语句部分使用另一个 if 语句。在这种情况下，将按顺序检查条件，直到遇到结果为 true 的条件。

### 2．switch 语句

switch 语句与级联 if 语句的功能类似，但更简洁、更灵活。switch 语句执行与表达式值相等的标签指定的语句列表。其基本语法形式为：

```
switch(表达式)
{
    case 常量 1:
        语句组 1
        break;
    case 常量 2:
        语句组 2
        break;
        ...
    case 常量 n:
        语句组 n
        break;
    default:
        语句组 n+1
        break;
}
```

switch 语句体又被称为 switch 块，包含一个或多个 switch 段，每个 switch 段至少包含一个 case 标签，case 标签后面是一个语句列表。

表达式的类型又被称为 switch 语句的支配类型，可以是 sbyte、byte、short、ushort、int、uint、long、ulong、char、string、枚举类型及 null 值。

switch 段的 case 标签引导的常量必须是常量表达式，并且在 switch 块中是唯一的，可以显式地转换为支配类型。如果表达式的值与 case 标签中的常量匹配，则将执行 case 标签后面的语句。如果没有匹配的 case 标签，但有 default 标签，则执行 default 标签后的语句，否则将跳出 switch 语句。每个 case 标签一般都以 break 作为结束标志，而且一般两个标签的引导代码不相同，如果相同则可以将两个标签的引导代码合并。多个 case 子句可以贯穿的前提是除最后一个 case 子句外其他前面的 case 子句没有携带任何执行子句和 break。

（二）迭代语句

选择语句是根据表达式的值选择语句并执行一次，而迭代语句则是重复执行语句多次。在迭代过程中，一般都需要计算表达式的值，测试是否继续循环。

在决定退出循环之前，既可以使用 break、goto、return、throw 语句，又可以使用 continue 语句结束本次循环，直接开始下一次的循环。

迭代语句包括 while 语句、do-while 语句、for 语句和 foreach 语句。

### 1．while 语句

while 语句的基本语法形式为：

```
while(条件表达式)
{
    循环体语句组
}
```

while 语句属于开始测试循环并不断执行嵌套的语句，直到测试条件为 false。由于每次迭代前都计算表达式 expression（条件）的值，因此循环的语句将被执行零次或多次。

### 2．do-while 语句

do-while 语句的基本语法形式为：

```
do
{
    循环体语句组
}
while(表达式);
```

do-while 语句也属于重复执行循环语句，直到测试条件为 false。不同于 while 语句，do-while 语句是先执行再测试，所以循环的语句至少被执行一次。

 注意

do-while 语句中的 while(表达式)后面使用分号结束。

### 3. for 语句

for 语句虽然看起来复杂，但基本行为与其他迭代语句相同。它也是不断执行嵌套的循环语句，直到指定的循环控制表达式为 false。其基本语法形式为：

```
for(初始化表达式;循环控制表达式;修改循环变量表达式)
{
    循环体语句组
}
```

在 for 语句中，发生的事件与 while 语句相同，循环过程也完全一致。两者在具体应用中完全可以互换。

### 4. foreach 语句

foreach 语句对数组或集合中的每个元素执行一次指定的语句（相当于对数据集合中的每个元素进行一次遍历）。不同于 for 语句，foreach 语句不能用于在集合中添加或删除元素，因为 foreach 语句的遍历过程是只读的。其基本语法形式为：

```
foreach( 类型 变量名 in 集合名)
{
    循环体语句组
}
```

foreach 语句中的"类型"和"变量名"声明了一个迭代变量，它是一个只读的局部变量，作用域为嵌套语句。

注意

foreach 后面括号中的"类型"必须与"集合名"数据集合的类型一致。

在遍历集合中的元素时，迭代变量指向当前元素。在所有迭代语句中，只有 foreach 语句没有包含条件。除非有跳转语句结束循环，否则将对集合中的每个元素重复执行一次嵌套语句。对于集合和一维数组，将从索引零开始按升序遍历元素。如果集合名是多维数组，则将从最右侧的那维数组开始按升序遍历，并逐渐移动到最左侧的那维数组。

（三）跳转语句

跳转语句主要包括 break 语句、continue 语句和 return 语句。

#### 1. break 语句

break 语句用于退出最近（本层）的 switch、while、do-while、for 或 foreach 语句。如果多条循环语句相互嵌套，则只退出所在层循环。

#### 2. continue 语句

continue 语句用于退出本次循环，并进入最近的 while、do-while、for、foreach 语句

的下一次循环。如果多层循环嵌套,则 continue 语句将只用于最里层循环。

3. return 语句

return 语句用于返回调用方所在的位置,一般多用于子方法返回调用的主方法。如果 return 语句包含一个表达式,则只能用于返回类型不为 void 的类成员中;如果 return 语句不包含表达式,则只能用于返回类型为 void 的类成员中。当 return 语句用于循环的结束时,可以返回当前代码块的所有循环,直接开始执行下一个代码块。

## 二、运算符

运算符是一种告诉编译器执行特定的数学或逻辑操作的符号,C#有丰富的内置运算符,分为以下 6 种。

- 算术运算符
- 关系运算符
- 逻辑运算符
- 位运算符
- 赋值运算符
- 其他运算符

### (一)算术运算符

表 3-1 给出了 C#支持的算术运算符。假设变量 A 的值为 10,变量 B 的值为 20,则:

表 3-1 C#支持的算术运算符

| 运算符 | 描述 | 实例 |
|---|---|---|
| + | 把两个操作数相加 | A+B 将得到 30 |
| - | 从第一个操作数中减去第二个操作数 | A-B 将得到-10 |
| * | 把两个操作数相乘 | A*B 将得到 200 |
| / | 分子除以分母 | B/A 将得到 2 |
| % | 取模运算符,整除后的余数 | B%A 将得到 0 |
| ++ | 自增运算符,整数值增加 1 | A++将得到 11 |
| -- | 自减运算符,整数值减少 1 | A--将得到 9 |

### (二)关系运算符

表 3-2 给出了 C#支持的关系运算符。假设变量 A 的值为 0,变量 B 的值为 20,则:

表 3-2 C#支持的关系运算符

| 运算符 | 描述 | 实例 |
|---|---|---|
| == | 检查两个操作数是否相等,如果相等则条件为真 | A==B 为假 |

续表

| 运算符 | 描述 | 实例 |
|---|---|---|
| != | 检查两个操作数是否相等，如果不相等则条件为真 | A!=B 为真 |
| > | 检查左操作数是否大于右操作数，如果是则条件为真 | A>B 为假 |
| < | 检查左操作数是否小于右操作数，如果是则条件为真 | A<B 为真 |
| >= | 检查左操作数是否大于或等于右操作数，如果是则条件为真 | A>=B 为假 |
| <= | 检查左操作数是否小于或等于右操作数，如果是则条件为真 | A<=B 为真 |

### （三）逻辑运算符

表 3-3 给出了 C#支持的逻辑运算符。假设变量 A 为布尔值 true，变量 B 为布尔值 false，则：

表 3-3　C#支持的逻辑运算符

| 运算符 | 描述 | 实例 |
|---|---|---|
| && | 逻辑与运算符，如果两个操作数都非零，则条件为真 | A&&B 为假 |
| \|\| | 逻辑或运算符，如果两个操作数中有任意一个非零，则条件为真 | A\|\|B 为真 |
| ! | 逻辑非运算符，用来逆转操作数的逻辑状态。如果条件为真，则逻辑非运算符将使其为假 | !(A&&B) 为真 |

### （四）位运算符

位运算符作用于二进制位，并逐位执行操作。C#支持的位运算符如表 3-4 所示。

表 3-4　C#支持的位运算符

| 运算符 | 描述 | 实例 |
|---|---|---|
| & | 按位与，有 0 则 0，全 1 则 1 | 0&0=0, 0&1=0, 1&0=0, 1&1=1 |
| \| | 按位或，有 1 则 1，全 0 则 0 | 0\|0=0, 0\|1=1, 1\|0=1, 1\|1=1 |
| ^ | 按位异或，相同为 0，不同为 1 | 0^0=0, 0^1=1, 1^0=1, 1^1=0 |
| ~ | 按位取反 | ~1=0, ~0=1 |
| << | 左移，左操作数的值向左移动右操作数指定的位数 | 0010 0100 <<2=1001 0000 |
| >> | 右移，左操作数的值向右移动右操作数指定的位数 | 0010 0100 >>2=0000 1001 |

### （五）赋值运算符

表 3-5 给出了 C#支持的赋值运算符。

表 3-5　C#支持的赋值运算符

| 运算符 | 描述 | 实例 |
|---|---|---|
| = | 赋值运算符，把右操作数的值赋给左操作数 | C=A+B 把 A+B 的值赋给 C |
| += | 加且赋值运算符，把左操作数加上右操作数的结果赋给左操作数 | C+=A 相当于 C=C+A |

续表

| 运算符 | 描述 | 实例 |
|---|---|---|
| -= | 减且赋值运算符，把左操作数减去右操作数的结果赋给左操作数 | C-=A 相当于 C=C-A |
| *= | 乘且赋值运算符，把左操作数乘以右操作数的结果赋给左操作数 | C*=A 相当于 C=C*A |
| /= | 除且赋值运算符，把左操作数除以右操作数的结果赋给左操作数 | C/=A 相当于 C=C/A |
| %= | 求模且赋值运算符，把求两个操作数的模赋给左操作数 | C%=A 相当于 C=C%A |
| <<= | 左移且赋值运算符 | C<<=2 等同于 C=C<<2 |
| >>= | 右移且赋值运算符 | C>>=2 等同于 C=C>>2 |
| &= | 按位与且赋值运算符 | C&=2 等同于 C=C&2 |
| ^= | 按位异或且赋值运算符 | C^=2 等同于 C=C^2 |
| \|= | 按位或且赋值运算符 | C\|=2 等同于 C=C\|2 |

### （六）其他运算符

表 3-6 给出了 C#支持的其他一些重要的运算符，包括 sizeof()、typeof()和?:等。

表 3-6　C#支持的其他一些重要的运算符

| 运算符 | 描述 | 实例 |
|---|---|---|
| sizeof() | 返回数据类型的大小 | sizeof(int);　//将返回 4 |
| typeof() | 返回 class 的类型 | typeof(int);　//将得到 System.Int32 |
| & | 返回变量的地址 | &a;　//将得到变量的实际地址 |
| * | 变量的指针 | *a;　//将指向一个变量 |
| ?: | 条件表达式，三元运算符 | 如果条件为真 ? 则为 X:，否则为 Y |
| is | 判断对象是否为某一类型 | int　a = 2;<br>bool　b = a is int;　//b 将得到 true |
| as | 强制转换，即使转换失败也不会抛出异常 | a as Class1;//实例 a 转换为 Class1 类型 |
| new | 实例化对象和调用对象的构造函数 | object obj = new object();//实例化 obj |

### （七）运算符的优先级

根据运算符的优先级可以确定表达式中各个操作数的组合顺序，这将决定一个表达式如何计算。某些运算符比其他运算符有更高的优先级，如乘除运算符具有比加减运算符更高的优先级。例如：x = 7 + 3 * 2，在这里 x 被赋值为 13，而不是 20，因为运算符*具有比+更高的优先级，所以首先计算 3*2，然后加上 7。

在表 3-7 中按运算符的优先级从高到低列出各个运算符，具有较高优先级的运算符在表格的上面，具有较低优先级的运算符在表格的下面。在表达式中，具有较高优先级的运算符会被优先计算。

表 3-7 运算符优先级排序

| 类　　别 | 运　算　符 | 结　合　性 |
|---|---|---|
| 基本 | ()、[]、->、.、++、--、sizeof、typeof | 从左到右 |
| 一元 | +、-、!、~、++、--、(type)、*、& | 从右到左 |
| 乘除 | *、/、% | 从左到右 |
| 加减 | +- | 从左到右 |
| 移位 | <<、>> | 从左到右 |
| 关系 | <、<=、>、>=、is、as | 从左到右 |
| 相等 | ==、!= | 从左到右 |
| 按位与 | & | 从左到右 |
| 按位异或 | ^ | 从左到右 |
| 按位或 | \| | 从左到右 |
| 逻辑与 | && | 从左到右 |
| 逻辑或 | \|\| | 从左到右 |
| 条件 | ?: | 从右到左 |
| 赋值 | =、+=、-=、*=、/=、%=、>>=、<<=、&=、^=、\|= | 从右到左 |

## 三、类型转换

作为统一类型系统的一部分，所有值类型都可以被转换为 object。预定义的值类型之间支持隐式转换，隐式转换虽然不降低量级（表示数据的能力），但是可能降低精度。在实际应用过程中，应该避免使用隐式转换。

```
int i=40;
object j=i;  //隐式转换
```

在必要时需要进行强制转换，强制转换的方式为(Type)e，即将 e 的类型转换为 Type。

```
int m=(int)j;  //显式转换
```

同时，C#还提供了 Convert.ToType(e)（将 e 的类型转换为 Type，见表 3-8）、e.ToString()（将 e 的类型转换为 String）以及 Type.parse(e)（将 e 的类型转换为 Type）等方法。

表 3-8 Convert 类的类型转换方法

| 方　　法 | 描　　述 |
|---|---|
| ToBoolean | 将类型转换为 bool |
| ToChar | 将类型转换为 char |
| ToString | 将类型转换为 string |
| ToDateTime | 将类型转换为 DateTime |
| ToInt32 | 将类型转换为 int |

续表

| 方　法 | 描　　述 |
|---|---|
| ToByte | 将类型转换为 Byte |
| ToSingle | 将类型转换为 float |
| ToDecimal | 将类型转换为 decimal |
| ToDouble | 将类型转换为 double |

## 任务二　交通灯项目案例

### 任务引入

在图片移动项目中，控制的图片只有一张，能不能用程序控制图片的更换呢？在本任务中就使用多张图片的切换来实现交通灯中红、绿、黄 3 种颜色的变换。

### 任务分析

本任务需要提前准备好 4 张图片，第 1 张用于显示初始状态，即 3 个灯都不亮；第 2 张用于显示只有绿灯亮；第 3 张用于显示只有黄灯亮；第 4 张用于显示只有红灯亮。在程序运行过程中，用代码动态改变 PictureBox 控件中的图片，而每个灯亮的秒数则由输入的数据来决定。

### 项目实施

#### 一、创建项目

启动 VS2013 以后，选择"文件"→"新建"→"项目"命令，打开"新建项目"对话框，在左侧选择"Visual C#"选项，并选择中间的"Windows 窗体应用程序"选项，设置"位置"为"D:\CSharp\"，"名称"为"WTrafficLight"。

#### 二、界面布局

本项目主要模拟交通灯效果，可以设置 3 种灯亮和灭切换的时间和顺序，界面布局如图 3-1 所示。从"工具箱"窗口中依次将每个控件添加到 Form1 窗体中，其中 PictureBox 控件用于存放 4 张图片，4 张图片不断切换可以实现灯的亮和灭，Timer 控件用于控制灯亮的时间。

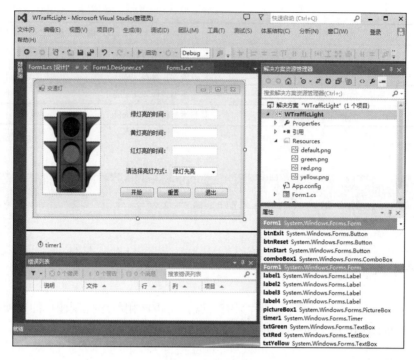

图 3-1　界面布局

主要控件的属性和事件设置如表 3-9 所示。选择列表框中 comboBox1 的 Items 属性后，单击后面的"三个点"按钮，依次添加 3 行数据，即绿灯先亮、黄灯先亮、红灯先亮。

 注意

这 3 行数据的顺序要和后面代码中枚举 LightOn 的顺序一致。

表 3-9　主要控件的属性和事件设置

| 控件类别 | Name 属性值 | 其他属性 | 其他属性值 | 事　件 | 事　件　值 |
|---|---|---|---|---|---|
| Form | Form1 | StartPosition | CenterScreen | FormClosed | Form1_FormClosed |
|  |  | Text | 交通灯 |  |  |
| Button | btnStart | Text | 开始 | Click | btnStart_Click |
|  | btnReset | Text | 重置 | Click | btnReset_Click |
|  | btnExit | Text | 退出 | Click | btnExit_Click |
| TextBox | txtGreen |  |  |  |  |
|  | txtYellow |  |  |  |  |
|  | txtRed |  |  |  |  |
| Label | label1 | Text | 绿灯亮的时间： |  |  |
|  | label2 | Text | 黄灯亮的时间： |  |  |
|  | label3 | Text | 红灯亮的时间： |  |  |
|  | label4 | Text | 请选择亮灯方式： |  |  |

续表

| 控件类别 | Name 属性值 | 其他属性 | 其他属性值 | 事 件 | 事 件 值 |
|---|---|---|---|---|---|
| ComboBox | comboBox1 | Text | 绿灯先亮 | | |
| PictureBox | pictureBox1 | Image | WTrafficLight.Properties.Resources._default | | |
| | | SizeMode | Zoom | | |
| Timer | timer1 | Interval | 1000 | Tick | timer1_Tick |

pictureBox1 需要放置 4 张图片，通过设置其 Image 属性来添加图片。选择 Image 属性后，单击后面的"三个点"按钮，选择"项目资源文件"→"导入"选项，选择 4 个图片文件，这 4 个文件大小相同。这 4 张图片可以从本书提供的资源中获取，分别是灭灯图片 default.png、绿灯图片 green.png、黄灯图片 yellow.png、红灯图片 red.png。导入以后，这 4 张图片会被自动存放到"解决方案资源管理器"窗口中的 Resources 目录中（见图 3-1），后面可以用代码动态控制 4 张图片的切换。

### 三、编写代码

前台界面（"Form1.cs[设计]"窗口）设置完成之后，右击"Form1"，在弹出的快捷菜单中选择"查看代码"命令进入代码编写界面（"Form1.cs"窗口），或右击"解决方案资源管理器"窗口中的文件"Form1.cs"，在弹出的快捷菜单中选择"查看代码"命令也可以进入代码编写界面。

（1）定义枚举 LightOn（该枚举定义的位置在类 Form1 的上面，在命名空间里面，和类 Form1 是平行的）。

```
/// <summary>
/// 自定义枚举，用于表示亮灯的颜色
/// </summary>
enum LightOn
{
    green,
    yellow,
    red
}
```

枚举是一组命名整型常量，枚举类型是使用关键字 enum 声明的。枚举是一种特殊的值类型，是指定的数字常量组，每个枚举成员都有一个基本的整数值。在默认情况下，底层值的类型为 int，将以枚举成员的声明顺序自动分配常量 0、1、2 等，可以使用显式转换将枚举实例和基础整数值相互转换。

```
int i = (int)LightOn.green;
LightOn on = (LightOn)i;
```

（2）定义窗体的公共变量（类 Form1 的字段）。

```
#region 定义 5 个字段
int timeGreen = 0, timeYellow = 0, timeRed = 0;//表示 3 个灯的亮的时间
int time = 0;//临时时间计数，3 个灯共用
LightOn on=LightOn.green;//指定当前哪个灯正在亮，默认绿灯先亮
#endregion
```

（3）编写"开始"按钮的单击事件绑定的方法 btnStart_Click()，开始模拟交通灯。btnStart_Click()方法是双击 btnStart 自动生成的。单击"开始"按钮后，检查 3 个 TextBox 控件中是否输入了正确的数字（以下代码中给出了 3 种不同的方法，任选一种即可），如果输入的不是数字字符，则会给出弹窗提示。

```
private void btnStart_Click(object sender, EventArgs e)
{
    //1. 使用 Convert 类把字符串转换为整型，若转换失败则会抛出异常
    //timeGreen = Convert.ToInt32(txtGreen.Text.Trim());
    //2. 使用 int.Parse()方法把字符串转换为整型，若转换失败则会抛出异常
    //timeYellow = int.Parse(txtYellow.Text.Trim());
    //3. 使用 if()方法把字符串转换为整型，若转换失败则不会抛出异常，而以弹窗提示
    if(int.TryParse(txtGreen.Text.Trim(),out timeGreen) == false)
        MessageBox.Show("绿灯亮的时间必须是数字");
    // "!"代表取反，等价于 int.TryParse(txtYellow.Text.Trim(),out timeYellow)==false
    else if (!int.TryParse(txtYellow.Text.Trim(), out timeYellow))
        MessageBox.Show("黄灯亮的时间必须是数字");
    else if (!int.TryParse(txtRed.Text.Trim(), out timeRed))
        MessageBox.Show("红灯亮的时间必须是数字");
    else
    {
        //使用 comboBox1 选项的索引号给 on 赋值，comboBox1 选项绿、黄、红的索引号分别是 0、1、2，恰好和枚举 LightOn 的索引号一致
        on = (LightOn)comboBox1.SelectedIndex;
        timer1.Enabled = true;
    }
}
```

（4）编写 timer1_Tick()方法。timer1_Tick()方法是双击 timer1 自动生成的，根据设置的时间和顺序控制交通灯的亮灭。此方法每隔 1000 毫秒（1 秒）执行一次，这个间隔需要修改 timer1 的 Interval 属性，把默认值 100 改成 1000。使用项目资源中的图片修改 pictureBox1 的 Image 属性实现图片的切换，以达到交通灯的亮灭效果。

```
private void timer1_Tick(object sender, EventArgs e)
{
    switch (on)//多分支结构，要求变量 on 有确切的值，一般每个分支后面都有 break 语句
    {
```

```
        case LightOn.green://绿灯亮
            pictureBox1.Image = Properties.Resources.green;
            this.Text = "绿灯亮了" + time + "秒";
            time++;
            if (time > timeGreen)//在绿灯亮的计数结束后,切换到黄灯
            {
                time = 0;
                on = LightOn.yellow;
            }
            break;
        case LightOn.yellow://黄灯亮
            pictureBox1.Image = Properties.Resources.yellow;
            this.Text = "黄灯亮了" + time + "秒";
            time++;
            if (time > timeYellow)//在黄灯亮的计数结束后,切换到红灯
            {
                time = 0;
                on = LightOn.red;
            }
            break;
        case LightOn.red://红灯亮
            pictureBox1.Image = Properties.Resources.red;
            this.Text = "红灯亮了" + time + "秒";
            time++;
            if (time > timeRed)//在红灯亮的计数结束后,切换到绿灯
            {
                time = 0;
                on = LightOn.green;
            }
            break;
        default:
            pictureBox1.Image = Properties.Resources._default;
            break;
    }
}
```

（5）编写"重置"按钮的单击事件绑定的方法 btnReset_Click()。btnReset_Click()方法是双击 btnReset 自动生成的。要将交通灯停下来，应把所有变量都恢复到原始状态，把所有控件恢复为默认值，把 pictureBox1 恢复到默认所有灯都是灭的状态。

```
private void btnReset_Click(object sender, EventArgs e)
{
    comboBox1.SelectedIndex = 0;
    txtGreen.Text = "";
    txtRed.Text = "";
```

```
txtYellow.Text = "";
pictureBox1.Image = Properties.Resources._default;
timeGreen = 0;
timeYellow = 0;
timeRed = 0;
timer1.Enabled = false;
time = 0;
on = 0;
}
```

（6）编写"退出"按钮的单击事件绑定的方法 btnExit_Click()。btnExit_Click()方法是双击 btnExit 自动生成的。退出整个程序，同时释放程序运行占用的所有资源。

```
private void btnExit_Click(object sender, EventArgs e)
{
    Application.Exit();//退出整个程序，释放资源
}
```

（7）编写 Form1 的关闭事件绑定的方法 Form1_FormClosed()。Form1_FormClosed()方法是选择 Form1，先单击"属性"窗口中的"事件"按钮并找到 FormClosed 事件（也可以用 FormClosing 事件，这两个事件的细微区别可以自行研究），再双击 FormClosed 事件的事件值添加的，而并非双击 Form1 自动生成的。这是因为 FormClosed 事件不是 Form 控件的默认事件，Form 控件的默认事件是 Load 事件。这个方法主要为了防止单击窗体右上角的叉号关闭窗体，从而使系统资源不能及时、完全地释放。当然，本项目不使用此方法也可以，这里主要是为了培养学生好的编程习惯，因为在后面的项目中涉及在访问外部文件或数据库等资源时，可能会出现资源被占用的情况。

```
private void Form1_FormClosed(object sender, FormClosedEventArgs e)
{
    //退出整个程序，防止单击窗体右上角的叉号关闭窗体，从而使系统资源不能及时释放
    Application.Exit();
}
```

# 项目总结

本项目旨在图片移动项目的基础上进行提升，使用了更多的 Windows 控件，同时学习使用代码控制图片的切换。项目中在控制亮灯颜色时，也可以简单地使用一个整型变量，之所以使用枚举类型，主要是为了提高程序的可读性，以达到"见名知义"的效果。

交通灯是城市交通控制中的一个关键部分，通过本项目的学习可以让学生体会到交

通控制的重要性。作为公民，遵守社会公共秩序，遵守社会公德，对维护整个社会的安定至关重要。

## 项目提升

在一些交通流量比较小的路口，往往会设置一个常闪的黄灯，以提醒行人和车辆缓慢通过。改进交通灯项目，增加一种"黄灯常闪"模式。

# 项目四

# 霓虹灯与跑马灯

## 思政目标

- 教育学生要诚实守信
- 培养学生团结协作的精神

## 技能目标

- 熟练掌握数组的定义、初始化、赋值和引用
- 了解结构和枚举
- 学会使用 Random 类生成随机数
- 学会使用 Color 类给控件设置背景颜色
- 学习使用代码动态生成控件

## 项目导读

在 WinForm 中不但可以使用鼠标将控件从"工具箱"窗口中拖入窗体，还可以使用代码动态生成批量控件，同时使用代码设置控件的常用属性。霓虹灯项目将通过模拟霓虹灯来学习数组的使用，以及代码生成控件的方法，跑马灯项目则是借鉴图片移动项目的设计思路，借助数组实现多个控件的移动。

## 任务一　知识点

### 任务引入

除了整型、实型、字符型等基本数据类型，C#中用什么来描述一组数据呢？答案是数组。有时为了更好地描述一个事物的多种不同属性，还会用到结构，如学生信息由学号、姓名、性别、班级、成绩等组成，可以定义一个 Student 结构。此外，有时需要描述一系列不同的事物，可以使用枚举，如星期由星期一、星期二……星期日组成，可以定义一个 WeekDay 枚举。

### 任务分析

虽然数组、结构和枚举都属于特殊的类型，但是它们在 C#中使用非常广泛，尤其在应用数组对一组相同类型的数据进行操作时十分方便。

### 知识准备

## 一、数组

数组是一个存储相同类型元素的固定大小的顺序集合。数组是用来存储数据的集合，通常认为数组是一个同一类型变量的集合。声明数组变量并不是声明像 number0、number1、…、number99 这样一个又一个单独的变量，而是先声明一个像 numbers 这样的变量，然后使用 numbers[0]、numbers[1]、…、numbers[99] 来表示一个又一个单独的变量。在数组中，某个指定的元素是通过索引来访问的。所有数组都是由连续的内存位置组成的。最低的地址对应第一个元素，最高的地址对应最后一个元素。

### （一）数组的定义

数组是一组使用数字索引的对象，这些对象同属一种类型。数组本身是 System.Array 的实例化对象。C#中数组属于引用类型，对于指向数组的引用，将从托管堆给它分配内存。具体的数组元素是根据类型分配内存空间的。

数组的一般形式为：

```
type[] arrayName;
```

其中，type 用来指定数组包含的每个元素的类型，由于只声明了一次，因此所有数组元素的类型相同。中括号为索引运算符，告诉编译器需要声明一个指定类型的数组，注意在 C#的语法中数组的大小是在实例化过程中指定的而不是在声明过程中指定的。例如，int[] array=new int[5]; 或 int[] array={1,2,3,4,5};，arrayName 指定数组名称。

在 C#中，数组的大小指包含在各维中的元素总数，而不是数组的最大索引，可以通过数组的 Length 属性来获取。在 C#中，由于数组索引从 0 开始，因此数组中第一个元素的位置为 0。一般申请的数组都是矩形数组，在矩形数组中，每行的长度都必须相同。

要声明多维矩形数组，可以在中括号内使用逗号分隔指定维数，如 int[2, 3]。数组的维数最多不超过 32 维。除矩形多维数组外，C#还支持交错数组。由于交错数组的每个元素又是一个数组，因此不同于矩形数组，交错数组每行的长度可以不同。

数组定义举例：

```
//定义一维数组
int[]  array1 = { 1, 2, 3, 4, 5 };
//定义矩形数组
int[]  array2 = { { 1, 2, 3}, { 3, 4, 5}, { 5, 6, 7 }, { 7, 8, 9 } };
//定义交错数组
int[][]  array3 = { new[] { 1, 2}, new[] { 2, 3, 4 }, new[] { 4, 5, 6, 7 } };
```

系统要求所有变量在使用前都必须初始化，并为每种数据类型提供默认值。数组也不例外，对于包含数值元素的数组，每个元素的默认初始值都是 0；对于包含引用类型的数组，每个元素的默认初始值都为 null。由于交错数组的元素都是数组，因此这些元素的默认初始值也为 null。

### （二）数组的初始化和赋值

一个数组不会在内存中初始化。当初始化数组变量时，可以给数组赋值。因为数组是一个引用类型，所以需要使用 new 运算符来创建数组的实例。例如：

```
double[] balance = new double[10];
```

可以通过使用索引号赋值给一个单独的数组元素。例如：

```
double[] balance = new double[10];
balance[0] = 4500.0;
```

可以在声明数组的同时给数组赋值。例如：

```
double[] balance = { 2340.0, 4523.69, 3421.0};
```

可以创建并初始化一个数组。例如：

```
int [] marks = new int[5]  { 99, 98, 92, 97, 95};
```

在上述情况下，还可以省略数组的大小。例如：

```
int [] marks = new int[]  { 99, 98, 92, 97, 95};
```

可以赋值一个数组变量到另一个目标数组变量中。在这种情况下，目标和源数组变量会指向相同的内存位置。例如：

```
int [] marks = new int[]  { 99, 98, 92, 97, 95};
int[] score = marks;
```

## (三)数组的引用

要让数组发挥作用,必须访问数组的元素,元素是使用带索引的数组名称访问的。这是通过把元素的索引放在数组名称后面的中括号内实现的。要访问多维数组或交错数组的元素,需要提供多个索引位置。所有数组的索引下标都是从 0 开始的。

数组引用实例:

```
static void Main(string[] args)
{
    int[] arr = new int[5];
    for (int i = 0; i < arr.Length; i++)
    {
        arr[i] = i * 2;//依次给数组的每个元素赋值
    }
    for (int j = 0; j < arr.Length; j++)
    {
        Console.WriteLine("arr[{0}]={1}",j,arr[j]);//依次读取数组的元素
    }
}
```

## 二、结构

结构是使用关键字 struct 定义的,与类相似,表示可以包含数据成员和函数成员的数据结构。在一般情况下,虽然很少使用结构(也不建议使用结构),但是作为.NET Framework 系统中的一个基本架构,有必要了解一下结构。

结构是一种值类型,不需要堆分配。结构的实例化操作可以不使用 new 运算符。所有结构都直接继承自 System.ValueType。

结构用来代表一个记录,假如想了解图书馆中图书的动态,可以关心每本图书的以下属性。

- Title
- Author
- Subject
- Book ID

可以首先定义一个 Books 结构。

```
struct Books
{
    string title;
    string author;
    string subject;
    int book_id;
};
```

下面为结构体的定义、赋值和引用实例。

```csharp
struct Books
{
   public string title;
   public string author;
   public string subject;
   public int book_id;
};

class Program
{
   static void Main(string[] args)
   {

      Books Book1;        // 声明 Book1，类型为 Books 结构
      Books Book2;        // 声明 Book2，类型为 Books 结构

      // Book1 详情
      Book1.title = "C#程序设计";
      Book1.author = "张三";
      Book1.subject = "程序设计";
      Book1.book_id = 123456;

      //Book2 详情
      Book2.title = "数据结构";
      Book2.author = "李四";
      Book2.subject =  "算法";
      Book2.book_id = 234567;

      //打印 Book1 信息
      Console.WriteLine( "Book 1 title : {0}", Book1.title);
      Console.WriteLine("Book 1 author : {0}", Book1.author);
      Console.WriteLine("Book 1 subject : {0}", Book1.subject);
      Console.WriteLine("Book 1 book_id :{0}", Book1.book_id);

      // 打印 Book2 信息
      Console.WriteLine("Book 2 title : {0}", Book2.title);
      Console.WriteLine("Book 2 author : {0}", Book2.author);
      Console.WriteLine("Book 2 subject : {0}", Book2.subject);
      Console.WriteLine("Book 2 book_id : {0}", Book2.book_id);

   }
}
```

C#中的结构有以下特点。

- 结构可以带有方法、字段、索引、属性、运算符方法和事件。

- 结构可以定义构造函数，但不能定义析构函数。此外，不能为结构定义默认的构造函数。默认的构造函数是自动定义的，且不能被改变。
- 与类不同，结构不能继承其他结构或类。
- 结构不能作为其他结构或类的基础结构。
- 结构可以实现一个或多个接口。
- 结构成员不能被指定为 abstract、virtual 或 protected。
- 在使用 new 运算符创建一个结构对象时，会调用适当的构造函数来创建结构。与类不同，结构可以不使用 new 运算符即可被实例化。
- 如果不使用 new 运算符，只有在所有字段都被初始化之后，字段才会被赋值，对象才会被使用。

类和结构有以下几个主要的不同点。
- 类是引用类型，结构是值类型。
- 结构不支持继承。
- 结构不能声明默认的构造函数。

## 三、枚举

枚举是一种创建数值类型（取值可能是预定义的）的机制，对于其中每个可能的取值，都有一个有意义的名称。通过定义一组有效值，并给它们指定名称，枚举能够轻松地表示真实世界的概念和信息，并能够让编译器理解底层值，程序员理解表层含义（名称）。可以认为，枚举定义了一组离散的常量，这些常量只有通过"容器"名称才能访问，基本访问格式为"枚举名.名称"。枚举类型定义的语法格式如下：

```
访问修饰符 enum 枚举名:基础类型
{
    //枚举成员列表
}
```

基础类型必须能够表示枚举中定义的所有枚举数值。枚举声明可以显式地声明 byte、sbyte、short、ushort、int、uint、long 或 ulong 类型作为对应的基础类型。没有显式地声明基础类型的枚举声明对应的基础类型是 int。

要定义枚举，必须在标识符前面加上关键字 enum，并在枚举体内定义一组有效值，用逗号分隔它们，最后一个枚举值后面的逗号是可选的。

 注意

用作值名称的标识符必须遵循的规则与变量标识符必须遵循的规则相同。

当需要引用某一个枚举值时，可以使用枚举名称和值名称，如 Days.Wednesday，枚举列表中的每个符号代表一个整数值，一个比它前面的符号大的整数值。在默认情况下，第一个枚举符号的值是 0。

下面为枚举的定义和引用实例。

```
enum Days
{
    Sunday,
    Monday,
    Tuesday,
    Wednesday,
    Thursday,
    Friday,
    Saturday
}
class Program
{
    static void Main(string[] args)
    {
        int WeekdayStart = (int)Days.Monday;
        int WeekdayEnd = (int)Days.Friday;
        Console.WriteLine("上班第一天是：{0}，对应的数字是：{1}", Days.Monday, WeekdayStart);
        Console.WriteLine("上班最后一天是：{0}，对应的数字是：{1}", Days.Friday, WeekdayEnd);
    }
}
```

上述代码的运行结果是：

```
上班第一天是：Monday，对应的数字是：1
上班最后一天是：Friday，对应的数字是：5
```

# 任务二　霓虹灯项目案例

## 任务引入

在图片移动项目和交通灯项目中，使用的控件都是通过拖动放入 Windows 窗体的，那么能不能用代码来动态生成控件呢？当然可以。

## 任务分析

其实，在通过移动光标来添加控件时，VS2013 会自动生成相应的代码，这些自动生成的代码都被放在 Form1.Designer.cs 文件中。可以通过查看文件中的代码，学习使用代码生成控件的语句的方法。同时为了方便控制整个霓虹灯的位置和颜色，可以采用数组存放霓虹灯。

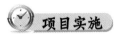 项目实施

## 一、创建项目

启动 VS2013 以后，选择"文件"→"新建"→"项目"命令，打开"新建项目"对话框，在左侧选择"Visual C#"选项，并选择中间的"Windows 窗体应用程序"选项，设置"位置"为"D:\CSharp\"，"名称"为"WNeonLight"。

## 二、界面布局

本项目主要模拟霓虹灯效果，实现红色转一圈、顺时针转、逆时针转 3 种变换方式，界面布局如图 4-1 所示。从"工具箱"窗口中依次将每个控件添加到 Form1 窗体中，其中 Panel 控件可以作为容器存放其他控件，可以使用代码动态生成 Label 控件，并将其放入 Panel 控件，按钮"生成一圈 Label"用于动态生成 Label 控件，其他 3 个按钮用于切换霓虹灯的变换方式。

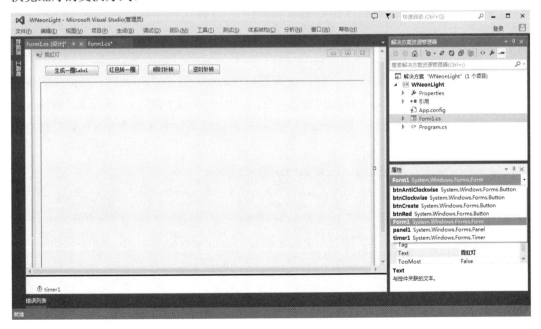

图 4-1　界面布局

主要控件的属性和事件设置如表 4-1 所示。其中，3 个变换按钮的初始状态为不可用（Enable=false），需要单击"生成一圈 Label"按钮激活。Panel 控件在默认情况下显示时没有任何边框。可以使用 BorderStyle 属性提供标准边框或三维边框，以区分面板的区域

与窗体上的其他区域。本项目中 panel1 的大小设置为 750×450，这个需要提前规划好，使其能够恰好放下整数个 Label 控件。

表 4-1  主要控件的属性和事件设置

| 控件类别 | Name 属性值 | 其他属性 | 其他属性值 | 事件 | 事件值 |
|---|---|---|---|---|---|
| Form | Form1 | StartPosition | CenterScreen | | |
| | | Text | 霓虹灯 | | |
| Button | btnCreate | Text | 生成一圈 Label | Click | btnCreate_Click |
| | btnRed | Text | 红色转一圈 | Click | btnRed_Click |
| | | Enable | false | | |
| | btnClockwise | Text | 顺时针转 | Click | btnClockwise_Click |
| | | Enable | false | | |
| | btnAntiClockwise | Text | 逆时针转 | Click | btnAntiClockwise_Click |
| | | Enable | false | | |
| Panel | panel1 | Size | 750,450 | | |
| | | BorderStyle | Fixed3D | | |
| Timer | timer1 | | | Tick | timer1_Tick |

## 三、编写代码

前台界面（"Form1.cs[设计]"窗口）设置完成之后，右击"Form1"，在弹出的快捷菜单中选择"查看代码"命令进入代码编写界面（"Form1.cs"窗口），或右击"解决方案资源管理器"窗口中的文件"Form1.cs"，在弹出的快捷菜单中选择"查看代码"命令也可以进入代码编写界面。

（1）定义窗体的公共变量（即类 Form1 的字段）。

```csharp
#region 定义 5 个字段
//恰好横向可以放 15 个大小为 50×50 的 Label 控件，纵向可以放 9 个大小为 50×50 的 Label 控件
Label[] lbls = new Label[44];
//用于给 Label 控件的背景颜色赋值
Color[] colors = { Color.Red, Color.Green, Color.Yellow, Color.Blue };
int j=0;//用于红色转一圈计数
Color temp;//用于改变颜色的临时变量
int style = 1;//用于识别变换方式，1：红色转一圈，2：顺时针转，3：逆时针转
#endregion
```

（2）编写"生成一圈 Label"按钮的单击事件绑定的方法 btnCreate_Click()。btnCreate_Click()方法是双击 btnCreate 自动生成的。此方法用代码在 panel1 中动态生成一

圈 Label 控件，生成完成后将"生成一圈 Label"按钮转变为灰色不可用状态（Enable=false），同时将另外 3 种变换方式的按钮激活。

```csharp
private void btnCreate_Click(object sender, EventArgs e)
{
    for (int i = 0; i < lbls.Length; i++)
    {
        lbls[i] = new Label();//实例化一个 Label 控件
        //设置第 i 个 Label 控件的颜色
        lbls[i].BackColor = colors[i % colors.Length];
        lbls[i].Size = new Size(50, 50);//设置大小
        //lbls[i].Text = i.ToString();//此语句便于在调试时计算位置
        //以下选择语句是根据 i 的不同设置 Label 控件的位置
        if (i < 15)//排列上边沿
        {
            lbls[i].Location = new Point(50*i, 0);
        }
        else if (i >= 15 && i < 23)//排列右边沿
        {
            lbls[i].Location = new Point(700, 50 * (i - 14));
        }
        else if (i >= 23 && i < 37)//排列下边沿
        {
            lbls[i].Location = new Point(700 - 50 * (i - 22), 400);
        }
        else//排列左边沿
        {
            lbls[i].Location = new Point(0, 400-50*(i-36));
        }
        panel1.Controls.Add(lbls[i]);//将 Label 控件放入 Panel 控件
    }
    btnRed.Enabled = true;//只有在 Label 控件生成以后，3 个变换方式按钮才可以使用
    btnClockwise.Enabled = true;
    btnAntiClockwise.Enabled = true;
}
```

（3）编写 timer1_Tick()方法。timer1_Tick()方法是双击 timer1 自动生成的，用多分支选择语句 switch 实现 3 种不同变换方式的霓虹灯。timer1 的默认时间是每隔 100 毫秒执行一次，在调试程序时，为了肉眼看得更清楚，可以先临时把这个间隔时间修改为 1000 毫秒，调试成功后再改回 100 毫秒。

```csharp
private void timer1_Tick(object sender, EventArgs e)
{
    switch (style)
```

```csharp
            {
                case 1://红色转一圈
                    if (j > 0)
                    {
                        lbls[j - 1].BackColor = temp;
                    }
                    else
                    {
                        //仅用于处理最后一个Label控件的特殊情况
                        lbls[lbls.Length - 1].BackColor = Color.Blue;
                    }
                    temp = lbls[j].BackColor;
                    lbls[j].BackColor = Color.Red;
                    //取余的目的是防止数组越界,到最后一个Label控件再从0开始
                    j = (j + 1) % lbls.Length;
                    break;
                case 2://顺时针转
                    //for (int i = lbls.Length-1; i >0; i--)
                    //{
                    //    temp = lbls[i].BackColor;
                    //    lbls[i].BackColor = lbls[i - 1].BackColor;
                    //    lbls[i - 1].BackColor = temp;
                    //}
                    //此行是分界线,上、下两组代码虽然算法不同,但是显示效果相同
                    for (int i = 0; i < lbls.Length; i++)
                    {
                        lbls[(i + j) % lbls.Length].BackColor = colors[i % colors.Length];
                    }
                    j = (j + 1) % lbls.Length;
                    break;
                case 3://逆时针转
                    //for (int i = 0; i < lbls.Length-1; i++)
                    //{
                    //    temp = lbls[i].BackColor;
                    //    lbls[i].BackColor = lbls[i + 1].BackColor;
                    //    lbls[i + 1].BackColor = temp;
                    //}
                    //此行是分界线,上、下两组代码虽然算法不同,但是显示效果相同
                    for (int i = 0; i < lbls.Length; i++)
                    {
                        lbls[i].BackColor = colors[(i + j) % colors.Length];
                    }
                    j = (j + 1) % lbls.Length;
                    break;
            }
        }
```

（4）分别编写"红色转一圈转""顺时针转"和"逆时针转"3 个按钮的单击事件绑定的方法 btnRed_Click()、btnClockwise_Click()和 btnAntiClockwise_Click()。这 3 个方法都是双击按钮控件自动生成的，用于完成 3 种不同的变换方式的切换。

```
private void btnRed_Click(object sender, EventArgs e)
{
    style = 1;//切换变换方式为"红色转一圈"
    timer1.Enabled = true;
}

private void btnClockwise_Click(object sender, EventArgs e)
{
    style = 2;//切换变换方式为"顺时针转"
    timer1.Enabled = true;
}

private void btnAntiClockwise_Click(object sender, EventArgs e)
{
    style = 3;//切换变换方式为"逆时针转"
    timer1.Enabled = true;
}
```

## 任务三　跑马灯项目案例

### 任务引入

生活中的霓虹灯大多都是通过不断改变颜色达到绚丽多彩的展示效果的，那么还有没有其他形式的霓虹灯呢？当然有，还有一种霓虹灯是通过改变每一个灯的位置来实现变换效果的，那就是跑马灯。

跑马灯通过各种颜色的协调变化共同完成功能的有序开展，单个颜色无法完成跑马灯的功能，每种颜色必须互相协作才能完成跑马灯的整个功能。从这个意义上来说，在任何时候都要讲究团结协作。

### 任务分析

使用代码动态生成一组控件以后，参考图片移动项目的设计思路，让它们沿着窗体转起来，就实现了跑马灯的效果。同时，如果加上键盘操作，就变成了贪吃蛇，为下一个贪吃蛇项目做准备。

 项目实施

## 一、创建项目

同一个解决方案可以创建多个项目,在霓虹灯项目的"解决方案资源管理器"窗口中,右击"解决方案'WNeonLight'"选项,在弹出的快捷菜单中选择"添加"→"新建项目"命令,打开"新建项目"对话框,在左侧选择"Visual C#"选项,并选择中间的"Windows 窗体应用程序"选项,设置"位置"为"D:\CSharp\WNeonLight","名称"为"WHorseRaceLamp"。创建完成以后,在解决方案"WNeonLight"下共有两个项目,分别为 WHorseRaceLamp 和 WNeonLight,这两个项目可以分别启动,右击其中任意一个项目名称,在弹出的快捷菜单中选择"设为启动项目"命令,可以将这个项目设置为默认启动项目,如图 4-2 所示。

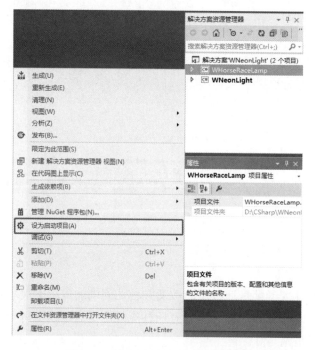

图 4-2　选择"设为启动项目"命令

## 二、界面布局

本项目也是一种霓虹灯效果,动态生成 5 个 Label 控件,并结合图片移动项目的设计思路,让这 5 个 Label 控件沿着 Panel 控件的边缘转圈,或使用键盘来控制运动方向,界面布局如图 4-3 所示。依次从"工具箱"窗口中将每个控件添加到 Form1 窗体中,其中控件 Panel 可以作为容器存放其他控件,可以用代码动态生成 Label 控件,并将 Label 控件放入 Panel 控件,按钮"生成 5 个 Label"用于动态生成 Label 控件,按钮"跑起来"用于启动 5 个 Label 控件。两个 Timer 控件切换使用,一个用于 5 个 Label 控件沿着 Panel

控件的边缘转圈，另一个用于键盘控制 Label 控件的运动。

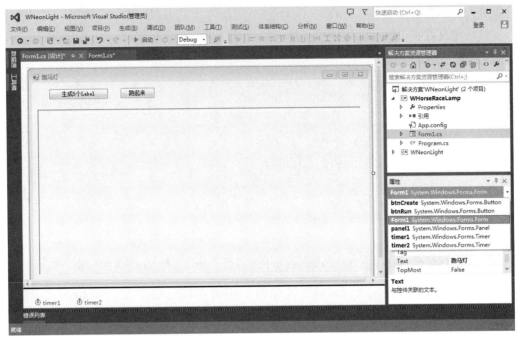

图 4-3　界面布局

主要控件的属性和事件设置如表 4-2 所示。其中，"跑起来"按钮的初始状态为不可用（Enable=false），需要单击"生成 5 个 Label"按钮激活。在本项目中，panel1 的大小设置为 750×350，这个需要提前规划好，使其能够恰好放下整数个 Label 控件。

表 4-2　主要控件的属性和事件设置

| 控件类别 | Name 属性值 | 其他属性 | 其他属性值 | 事件 | 事件值 |
|---|---|---|---|---|---|
| Form | Form1 | StartPosition | CenterScreen | | |
| | | Text | 跑马灯 | | |
| Button | btnCreate | Text | 生成 5 个 Label | Click | btnCreate_Click |
| | btnRun | Text | 跑起来 | Click | btnRun_Click |
| | | Enable | false | KeyDown | btnRun_KeyDown |
| Panel | panel1 | Size | 750,350 | | |
| | | BorderStyle | Fixed3D | | |
| Timer | timer1 | Interval | 1000 | Tick | timer1_Tick |
| | timer2 | Interval | 1000 | Tick | timer2_Tick |

## 三、编写代码

前台界面（"Form1.cs[设计]"窗口）设置完成之后，右击"Form1"，在弹出的快捷菜单中选择"查看代码"命令进入代码编写界面（"Form1.cs"窗口），或右击"解决方案

# C#程序设计

资源管理器"窗口中的文件"Form1.cs",在弹出的快捷菜单中选择"查看代码"命令也可以进入代码编写界面。

(1) 定义枚举 Direction(该枚举定义的位置在类 Form1 的上面,在命名空间里面,和类 Form1 是平行的)。

```
enum Direction//用于表示5个Label控件的运动方向
{
    up,
    right,
    down,
    left
}
```

(2) 定义窗体的公共变量(即类 Form1 的字段)。

```
Label[] lbls = new Label[5];//使用数组存放5个Label控件,方便控制
Direction dir=Direction.right;//用于控制Label控件的运动方向,默认向右
```

(3) 编写"生成 5 个 Label"按钮的单击事件绑定的方法 btnCreate_Click()。btnCreate_Click()方法是双击 btnCreate 自动生成的。此方法用代码在 panel1 中动态生成 5 个 Label 控件,生成完成后将按钮设置为灰色不可用状态(Enable=false),同时激活"跑起来"按钮。

```
private void btnCreate_Click(object sender, EventArgs e)
{
    Random r = new Random();//实例化随机数
    for (int i = 0; i < lbls.Length; i++)
    {
        lbls[i] = new Label();//实例化一个Label控件
        lbls[i].Size = new Size(50, 50);//设置Label控件的大小为50×50
        lbls[i].Location = new Point(50 * i, 0);//设置Label控件的位置
        //Color类的FromArgb()方法是根据红、绿、蓝3种基色对应的数值(0~255)来获取颜色的
        //r.Next(255)随机生成一个0~255的整数
        lbls[i].BackColor = Color.FromArgb(r.Next(255),r.Next(255),r.Next(255));
        panel1.Controls.Add(lbls[i]);//将Label控件放入Panel控件
    }
    btnRun.Enabled = true;//将"跑起来"按钮激活
    btnCreate.Enabled = false;//使"生成5个Label"按钮变为灰色不可用状态
}
```

(4) 编写 timer1_Tick()方法。timer1_Tick()方法是双击 timer1 自动生成的,让 5 个 Label 控件沿着 panel1 的边缘顺时针转圈。此方法默认每隔 100 毫秒执行一次,如果想调整速度,则可以修改 timer1 的 Interval 属性。其算法的基本思路为第 i 个 Label 控件移动到第 i+1 个 Label 控件的位置(for 语句循环 4 次),最后一个 Label 控件向前移动一个 Label 控件的位置,方向的改变只需要控制好最后一个 Label 控件即可,其他的依次跟上。

```csharp
private void timer1_Tick(object sender, EventArgs e)
{
    for (int i = 0; i < lbls.Length - 1; i++)
    {
        lbls[i].Location = lbls[i + 1].Location;
    }
    switch (dir)
    {
        case Direction.right://在上边沿,向右运动
            if (lbls[lbls.Length - 1].Left < panel1.Width - 50)
            {
                lbls[lbls.Length - 1].Left += 50;
            }
            else
            {
                dir = Direction.down;//到达右上角,改变方向
                //如果没有此句代码,则缺少第二个Label控件
                lbls[lbls.Length - 1].Top += 50;
            }
            break;
        case Direction.down://在右边沿,向下运动
            if (lbls[lbls.Length - 1].Top < panel1.Height - 50)
            {
                lbls[lbls.Length - 1].Top += 50;
            }
            else
            {
                dir = Direction.left;//到达右下角,改变方向
                lbls[lbls.Length - 1].Left -= 50;
            }
            break;
        case Direction.left://在下边沿,向左运动
            if (lbls[lbls.Length - 1].Left > 0)
            {
                lbls[lbls.Length - 1].Left -= 50;
            }
            else
            {
                dir = Direction.up;//到达左下角,改变方向
                lbls[lbls.Length - 1].Top -= 50;
            }
            break;
        case Direction.up://在左边沿,向上运动
            if (lbls[lbls.Length - 1].Top > 0)
            {
```

```
            lbls[lbls.Length - 1].Top -= 50;
        }
        else
        {
            dir = Direction.right;//到达左上角，改变方向
            lbls[lbls.Length - 1].Left += 50;
        }
        break;
    }
}
```

（5）编写"跑起来"按钮的单击事件绑定的方法 btnRun_Click()。btnRun_Click()方法是双击 btnRun 自动生成的，用于启动 timer1，让 5 个 Label 控件沿着 panel1 的边缘顺时针转起来。

```
private void btnRun_Click(object sender, EventArgs e)
{
    timer1.Enabled = true;//启动timer1,沿着panel的边缘顺时针转
}
```

至此，第一种跑马灯效果实现完成，下面在此基础上进行修改，实现用键盘控制 5 个 Label 控件的运动方向。

（6）编写 timer2_Tick()方法。timer2_Tick()方法是双击 timer2 自动生成的，让 5 个 Label 控件在 panel1 中动起来，其运动方向根据字段 dir 的变化而改变。这个方法默认每隔 100 毫秒执行一次，如果想调整速度，可以修改 timer1 的 Interval 属性。

```
private void timer2_Tick(object sender, EventArgs e)
{
    for (int i = 0; i < lbls.Length - 1; i++)
    {
        lbls[i].Location = lbls[i + 1].Location;
    }
    switch (dir)
    {
        case Direction.up: //向上运动
            lbls[lbls.Length - 1].Top -= 50;
            break;
        case Direction.down://向下运动
            lbls[lbls.Length - 1].Top += 50;
            break;
        case Direction.left://向左运动
            lbls[lbls.Length - 1].Left -= 50;
            break;
        case Direction.right://向右运动
            lbls[lbls.Length - 1].Left += 50;
            break;
```

        }
    }

(7)编写"跑起来"按钮的键盘按下事件绑定的方法 btnRun_KeyDown()。btnRun_KeyDown()方法是选择 btnRun,单击"属性"窗口中的"事件"按钮,并找到 KeyDown 事件,双击 KeyDown 事件的事件值添加的。按"W"键把 5 个 Label 控件的运动方向改为向上,按"S"键把 5 个 Label 控件的运动方向改为向下,按"A"键把 5 个 Label 控件的运动方向改为向左,按"D"键把 5 个 Label 控件的运动方向改为向右,字母不区分大小写。

```
private void btnRun_KeyDown(object sender, KeyEventArgs e)
{
    switch (e.KeyCode)
    {
        case Keys.W://运动方向改为向上
            dir = Direction.up;
            break;
        case Keys.S://运动方向改为向下
            dir = Direction.down;
            break;
        case Keys.A://运动方向改为向左
            dir = Direction.left;
            break;
        case Keys.D://运动方向改为向右
            dir = Direction.right;
            break;
    }
}
```

(8)修改"跑起来"按钮的单击事件绑定的方法 btnRun_Click()。btnRun_Click()方法是双击 btnRun 自动生成的,用于启动 timer2,让 5 个 Label 控件动起来,是用键盘控制 Label 控件的运动方式。

```
private void btnRun_Click(object sender, EventArgs e)
{
    timer2.Enabled = true;//启动 timer2,用键盘控制 Label 控件
    btnRun.Focus();
    //启动 timer2 以后,将焦点定位到"跑起来"按钮,因为键盘事件是绑定到这个按钮上的
}
```

## 项目总结

本项目是在一个解决方案中创建了霓虹灯和跑马灯两个项目,两个项目可以切换启

动,在霓虹灯项目中是通过变换 Label 控件的背景颜色达到霓虹灯效果的,背景颜色使用 Color 类为数组赋值,同时学习用代码动态生成批量控件。在跑马灯项目中则是通过变换 Label 控件的位置达到跑马灯效果的,背景颜色使用 Random 类生成随机颜色赋值,同时添加了键盘控制运动方向的功能,为下一个贪吃蛇项目做准备。

## 项目提升

除了本项目中的霓虹灯和跑马灯,你还见过哪种变换方式的霓虹灯?试着通过编写程序实现。

# 项目五

# 贪吃蛇

## 思政目标

➢ 教育学生知行合一
➢ 鼓励学生学以致用

## 技能目标

➢ 了解集合和泛型集合
➢ 学会动态数组（ArrayList）的使用方法
➢ 熟练掌握使用属性的 get、set 方法，实现类之间的传值
➢ 掌握 Point 类的使用方法
➢ 掌握控件 MenuStrip、ColorDialog 的使用方法
➢ 学会使用键盘事件 KeyDown 和 KeyPress

## 项目导读

跑马灯看上去就像一条贪吃蛇，先给跑马灯添加键盘控制事件，跑马灯就变成了贪吃蛇，再给跑马灯添加颜色的设置、食物的生成、贪吃蛇的生长和死亡等操作，进一步完成贪吃蛇游戏的设计。

## 任务一  知识点

### 任务引入

虽然使用数组来存储和操作一组数据很方便,但是使用数组是有约束条件的,如数组内的数据类型必须是同一类型,并且在使用数组时必须提前指定足够的数组大小。那么有没有比数组更灵活的解决方案呢?当然有,那就是集合。

### 任务分析

在集合中存放的数据类型可以是不同的,并且集合的大小可以随着数据的插入而自动增大。当然,如果集合中元素的数据类型不同,那么也会带来不少麻烦,如在从集合中拿出元素时须先判断它的类型才能使用。而泛型集合就解决了以上问题,虽然泛型集合要求放入其中的数据必须是同一类型的,这点和数组类似,但是泛型集合的大小却是可以自动增大的。

### 知识准备

## 一、集合

集合(Collection)类是专门用于数据存储和检索的类。这些类提供了动态数组(ArrayList)、哈希表(Hash table)、堆栈(Stack)和队列(Queue)的支持。集合所在的命名空间是 System.Collection。

集合(Collection)类服务于不同的目的,如为元素动态分配内存,基于索引访问列表项等。这些类创建 Object 类的对象的集合,在 C# 中,Object 类是所有数据类型的基类。

### (一)动态数组

动态数组(ArrayList)代表了可以被单独索引的对象的有序集合。它基本上可以替代一个数组。与数组不同的是,ArrayList 可以使用索引在指定的位置添加和移除项目,会自动重新调整它的大小。此外,它也允许在列表中对各项进行动态内存分配、增加、搜索、排序。

ArrayList 类的常用属性如表 5-1 所示。

表 5-1 ArrayList 类的常用属性

| 属　　性 | 描　　述 |
| --- | --- |
| Capacity | 获取或设置 ArrayList 可以包含的元素个数 |
| Count | 获取 ArrayList 中实际包含的元素个数 |
| IsFixedSize | 获取一个值，表示 ArrayList 是否具有固定大小 |
| IsReadOnly | 获取一个值，表示 ArrayList 是否为只读 |
| Item | 获取或设置指定索引处的元素 |

ArrayList 类的常用方法如下。

① public virtual int Add(object value);

在 ArrayList 的末尾添加一个对象。

② public virtual void AddRange(ICollection c);

在 ArrayList 的末尾添加 ICollection 的元素。

③ public virtual void Clear();

从 ArrayList 中移除所有元素。

④ public virtual bool Contains(object item);

判断某个元素是否在 ArrayList 中。

⑤ public virtual ArrayList GetRange(int index, int count);

返回一个 ArrayList，表示源 ArrayList 中元素的子集。

⑥ public virtual int IndexOf(object);

返回某个值在 ArrayList 中第一次出现的索引，索引从 0 开始。

⑦ public virtual void Insert(int index, object value);

在 ArrayList 的指定索引处插入一个元素。

⑧ public virtual void InsertRange(int index, ICollection c);

在 ArrayList 的指定索引处插入某个集合的元素。

⑨ public virtual void Remove(object obj);

从 ArrayList 中移除第一次出现的指定对象。

⑩ public virtual void RemoveAt(int index);

移除 ArrayList 中指定索引处的元素。

⑪ public virtual void RemoveRange(int index, int count);

从 ArrayList 中移除某个范围的元素。

⑫ public virtual void Reverse();

逆转 ArrayList 中元素的顺序。

⑬ public virtual void SetRange(int index, ICollection c);

复制某个集合的元素到 ArrayList 中某个范围的元素上。

⑭ public virtual void Sort();

对 ArrayList 中的元素进行排序。

⑮ public virtual void TrimToSize();

将容量设置为 ArrayList 中元素的实际个数。

### (二)哈希表

哈希表(Hash table)代表了一系列由基于键的哈希代码组织起来的键-值对。它使用键访问集合中的元素。当使用键访问元素时,使用哈希表可以识别一个有用的键值。哈希表中的每一项都有一个键-值对。键用于访问集合中的项目。

Hash table 类的常用属性是 Count,用于获取 Hash table 中包含的元素个数。

Hash table 类的常用方法如下。

① public virtual void Add(object key,object value);

向 Hash table 中添加一个带有指定键和值的元素。

② public virtual void Clear();

从 Hash table 中移除所有元素。

③ public virtual bool Contains Key(object key);

判断 Hash table 中是否包含指定键。

④ public virtual bool Contains Value(object value);

判断 Hash table 中是否包含指定值。

⑤ public virtual void Remove(object key);

从 Hash table 中移除带有指定键的元素。

### (三)堆栈

堆栈(Stack)代表了一个后进先出的对象集合。在需要对各项进行后进先出的访问时,使用 Stack。当在列表中添加一项时,被称为推入元素;当从列表中移除一项时,被称为弹出元素。

Stack 类的常用属性是 Count,用于获取 Stack 中包含的元素个数。

Stack 类的常用方法如下。

① public virtual void Clear();

从 Stack 中移除所有元素。

② public virtual bool Contains(object obj);

判断某个元素是否在 Stack 中。

③ public virtual object Peek();

返回但不移除在 Stack 的顶部的对象。

④ public virtual object Pop();

移除并返回在 Stack 的顶部的对象。

⑤ public virtual void Push(object obj);

向 Stack 的顶部添加一个对象。

⑥ public virtual object[] ToArray();

复制 Stack 到一个新的数组中。

### （四）队列

队列（Queue）代表了一个先进先出的对象集合。在需要对各项进行先进先出的访问时，使用 Queue。当在列表中添加一项时，被称为入队；当从列表中移除一项时，被称为出队。

Queue 类的常用属性是 Count，用于获取 Queue 中包含的元素个数。

Queue 类的常用方法如下。

① public virtual void Clear();

从 Queue 中移除所有元素。

② public virtual bool Contains(object obj);

判断某个元素是否在 Queue 中。

③ public virtual object Dequeue();

移除并返回在 Queue 的开头的对象。

④ public virtual void Enqueue(object obj);

向 Queue 的末尾添加一个对象。

⑤ public virtual object[] ToArray();

复制 Queue 到一个新的数组中。

⑥ public virtual void TrimToSize();

将容量设置为 Queue 中元素的实际个数。

## 二、泛型集合

泛型集合是 OOP（Object Oriented Programming，面向对象程序设计）中的一个重要概念，主要目的是提高 C#程序的性能。泛型集合和普通集合的主要区别在于普通集合在插入元素时不进行类型检查，因为普通集合不限制元素的类型，而泛型集合在定义时指定了元素的类型，因此泛型集合的类型是安全的。泛型集合是 C#2.0 中的新增元素（在 C++中被称为模板），主要用于解决一系列类似的问题。这种机制允许将类名作为参数传递给泛型类型，并生成相应的对象。将泛型集合（包括类、接口、方法、委托等）看作模板可能更好理解，模板中的变体部分将被作为参数传进来的类名代替，从而得到一个新的类型定义。

在创建泛型集合时，主要使用 System.Collections.Generic 命名空间下面的 List 泛型类。其语法形式如下：

```
List<T>  myList =  new  List<T>();
```

其中,"T"就是所要使用的类型,既可以是简单类型,如 string、int,又可以是自定义类型。

System.Collections.Generic 命名空间常见的泛型集合有列表(List<T>)、字典(Dirctionary<TKey, TValue>)、泛型堆栈(Stack<T>)和泛型队列(Queue<T>)。

(一)列表

列表(List<T>)与数组特别接近,也是使用比较多的泛型集合。与数组相同的是 List<T>也是一系列使用数字索引的对象,不同的是 List<T>可以在需要时动态调整大小。List<T>的默认容量为 16 个元素,当每次因容量不够而新增时,新增的容量都是 16 的整数倍。如果知道 List<T>大概包含的元素个数,则可以在添加第一个元素前使用构造函数或 Capacity 属性设置初始容量。

List<T>的常用属性如表 5-2 所示。

表 5-2 List<T>的常用属性

| 属 性 | 描 述 |
| --- | --- |
| Capacity | 获取或设置 List<T>在不调整大小的情况下包含的元素总数 |
| Count | 获取 List<T>中包含的元素个数 |
| Add | 将一个对象添加到 List<T>末尾 |
| AddRange | 将一组对象添加到 List<T>末尾 |
| BinarySearch | 使用二分法在 List<T>中搜索特定的值 |
| Clear | 删除 List<T>中的所有元素 |
| Contains | 确定 List<T>中是否包含特定元素 |
| Exists | 确定 List<T>中是否包含满足条件的元素 |
| Find | 在整个 List<T>中搜索满足指定条件的元素,并返回第一个满足条件的元素 |
| FindAll | 获取满足指定条件的所有元素 |
| ForEach | 对 List<T>中的元素执行指定操作 |
| Sort | 对 List<T>中的元素进行排序 |
| TrimExcess | 将容量设置为 List<T>实际包含的元素个数 |
| TrueForAll | 确定是否在 List<T>中的每个元素都满足指定条件 |

List<T>应用实例:

```
static void Main(string[] args)
{
    List<int> list = new List<int>();
    for (int i = 0; i < 16; i++)
    {
        list.Add(i);
    }
    Console.WriteLine("list 的长度是{0}", list.Capacity);
```

```
        for (int i = 0; i < list.Capacity; i++)
        {
            Console.WriteLine(list[i]);
        }

        for (int i = 0; i < 10; i++)
        {
            list.Add(i);
        }
        Console.WriteLine("list 的长度是{0}", list.Capacity);
        for (int i = 0; i < list.Capacity; i++)
        {
            //在执行时会出错，因为容量是 32，但是实际上只有 26
            Console.WriteLine(list[i]);
        }
    }
```

### （二）字典

在创建通用集合时，List<T>很有用，但有时需要一种集合，即将一组键映射到一组值（存储若干项键-值对），且不能有重复的键。字典（Dictionary<TKey,TValue>）能够使用键而不是数字索引进行访问。此时，要在（Dictionary<TKey,TValue>）实例中添加元素，必须提供键和值。其中，键必须是唯一的，且不为 null，但如果 TValue 为引用类型，那么值可以为 null。

Dictionary<TKey,TValue>的常用属性如表 5-3 所示。

表 5-3 Dictionary<TKey,TValue>的常用属性

| 属 性 | 描 述 |
|---|---|
| Count | 获取 Dictionary<TKey,TValue>中包含的键-值对的个数 |
| Keys | 返回一个集合，其中包含 Dictionary<TKey,TValue>中的所有键 |
| Values | 返回一个集合，其中包含 Dictionary<TKey,TValue>中的所有值 |
| Add | 将指定的键和值加入 Dictionary<TKey,TValue> |
| Clear | 删除 Dictionary<TKey,TValue>中的所有键和值 |
| ContainsKey | 确定 Dictionary<TKey,TValue>中是否包含指定键 |
| ContainsValue | 确定 Dictionary<TKey,TValue>中是否包含指定值 |
| Remove | 将指定键对应的元素删除 |

不同于 List<T>，在遍历 Dictionary<TKey,TValue>中的元素时，将返回键-值对 KeyValuePair<TKey,TValue>结构，表示键和值相关联的值。在 foreach 语句中遍历 Dictionary<TKey,TValue>的元素时，也可以用关键字 var 来表示字典中的元素类型。

Dictionary<TKey,TValue>应用实例：

```
static void Main(string[] args)
{
    Dictionary<int, string> stus = new Dictionary<int, string>();
    stus.Add(4, "李明");
    stus.Add(2, "王宏");
    stus.Add(5, "王伟");
    stus.Add(1, "李成");
    stus.Add(3, "刘翔");

    //Dictionary<TKey,TValue>中的元素类型可以用键-值对KeyValuePair<int,string>
    //结构或关键字 var 来表示
    //foreach (KeyValuePair<int, string> stu in stus)
    foreach (var stu in stus)
    {
        Console.WriteLine("学号:{0}, 姓名:{1}", stu.Key, stu.Value);
    }
}
```

## （三）泛型堆栈

泛型堆栈（Stack<T>）表示后进先出 LIFO 集合。和普通堆栈的区别在于泛型堆栈要求入栈的元素必须是同一种类型。对诸如语句分析等操作来说，使用 Stack<T>来实现很方便。一般而言，当操作仅限于末尾时，可以使用 Stack<T>。

Stack<T>以数组的方式实现了堆栈，操作总是发生在集合末尾，且包含重复的元素和 null 元素。

Stack<T>的常用属性如表 5-4 所示。

表 5-4 Stack<T>的常用属性

| 属性 | 描述 |
| --- | --- |
| Count | 获取 Stack<T>中包含的元素个数 |
| Clear | 删除 Stack<T>中的所有元素 |
| Peek | 返回栈顶元素，但不将其删除 |
| Pop | 返回栈顶元素并将其删除 |
| Push | 将一个元素插入栈顶 |
| TrimExcess | 如果 Stack<T>中包含的元素个数小于当前容量的 90%，则将容量设置为 Stack<T>中包含的元素个数 |

Stack<T>应用实例：

```
static void Main(string[] args)
{
    Stack<int> stack = new Stack<int>();
    for (int i = 0; i < 5; i++)
```

```
        {
            stack.Push(i);//入栈
            Console.WriteLine(i);
        }
        Console.WriteLine("栈顶元素是{0}", stack.Peek());
        //不能直接使用 stack.Count 作为判断的上限，因为伴随着出栈，它是变化的
        int count = stack.Count;
        Console.WriteLine("栈的元素个数{0}", count);
        for (int i = 0; i < count; i++)
        {
            Console.WriteLine(stack.Pop());//出栈
        }
    }
```

### （四）泛型队列

泛型队列（Queue<T>）表示先进先出 FIFO 集合。和普通队列的区别在于 Queue<T>要求入队的元素必须是同一种类型。对于存储按收到的顺序依次处理的数据来说，使用 Queue<T>很方便。

Queue<T>以数组方式实现了队列，插入操作总在集合的一端进行，而删除操作总在集合的另一端进行。Queue<T>也可以包含重复的元素和 null 元素。

Queue<T>的常用属性如表 5-5 所示。

表 5-5　Queue<T>的常用属性

| 属　　性 | 描　　述 |
| --- | --- |
| Count | 获取 Queue<T>中包含的元素个数 |
| Clear | 删除 Queue<T>中的所有元素 |
| Contains | 判断 Queue<T>中是否包含指定元素 |
| Dequeue | 返回队首元素并将其删除 |
| Enqueue | 将一个元素加入 Queue<T>末尾 |
| Peek | 返回队首元素，但不将其删除 |
| TrimExcess | 如果 Queue<T>中实际包含的元素个数小于当前容量的 90%，则将容量设置为 Queue<T>中实际包含的元素个数 |

Queue<T>应用实例：

```
static void Main(string[] args)
{
    Queue<int> queue = new Queue<int>();
    for (int i = 0; i < 5; i++)
    {
        queue.Enqueue(i);//入队
        Console.WriteLine(i);
    }
```

```
            Console.WriteLine("队首元素是{0}", queue.Peek());
            //不能直接使用 queue.Count 作为判断的上限，因为伴随着出队，它是变化的
            int count = queue.Count;
            Console.WriteLine("队的元素个数{0}", count);
            for (int i = 0; i < count; i++)
            {
                Console.WriteLine(queue.Dequeue());//出队
            }
        }
```

## 任务二　贪吃蛇项目案例

### 任务引入

如果对跑马灯项目添加键盘控制移动方向的功能，那么就有了贪吃蛇的雏形，是不是都迫不及待了？下面一起完成贪吃蛇游戏的开发。

### 任务分析

要想开发一个完整的贪吃蛇游戏，需要考虑的问题有很多。比如，贪吃蛇用什么数据结构存储？最好用集合来存放，方便控制，且其大小也可以动态增长。又如，食物怎样生成？贪吃蛇怎样吃食物？怎样增长？有几种死法？……这些问题需要逐一解决。

### 项目实施

#### 一、创建项目

启动 VS2013 以后，选择"文件"→"新建"→"项目"命令，打开"新建项目"对话框，在左侧选择"Visual C#"选项，并选择中间的"Windows 窗体应用程序"选项，设置"位置"为"D:\CSharp\"，"名称"为"WGreedySnake"。在进入项目后，把自动生成的 Form1 重命名为 FrmMain，改名后按回车键确认，弹出如图 5-1 所示的对话框，在这里一定要单击"是"按钮，这样会自动把后台代码中的所有 Form1 替换为 FrmMain，否则，还需要手动修改。

另外，还需要添加一个 Windows 窗体类文件，即 FrmDirSet.cs 和两个普通类文件，分别为 Food.cs 和 Snake.cs，这几个文件都是通过右击"WGreedySnake"添加的。添加完成后项目结构如图 5-2 所示。

项目五 贪吃蛇

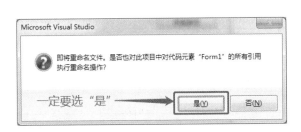

图 5-1 "Microsoft Visual Studio"对话框

图 5-2 项目结构

## 二、界面布局

本项目主要完成贪吃蛇游戏的设计，除了完成贪吃蛇基本方向的控制和吃食物的功能的设置，还可以设置蛇体和食物的颜色，同时支持游戏难度的设置和自定义方向控制键。本项目共包含两个 Windows 窗体，分别为主窗体（FrmMain 窗体）和键盘方向设置窗体（FrmDirSet 窗体）。其中，FrmMain 窗体的界面布局如图 5-3 所示，从"工具箱"窗口中依次将每个控件添加到 FrmMain 窗体中。

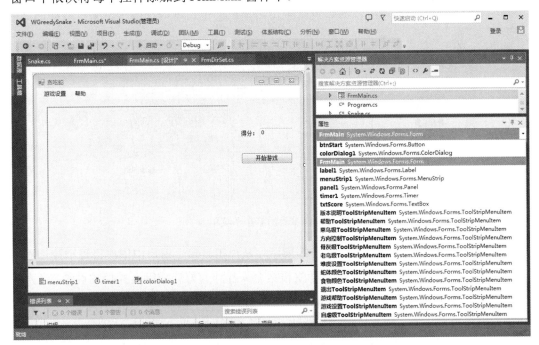

图 5-3 界面布局

FrmMain 窗体中主要控件的属性和事件设置如表 5-6 所示。其中，ColorDialog 控件是颜色选择对话框，可以用来选择蛇体和食物的颜色。

表 5-6　FrmMain 窗体中主要控件的属性和事件设置

| 控件类别 | Name 属性值 | 其他属性 | 其他属性值 | 事件 | 事件值 |
| --- | --- | --- | --- | --- | --- |
| Form | FrmMain | StartPosition | CenterScreen | KeyDown | FrmMain_KeyDown |
|  |  | Text | 贪吃蛇 |  |  |
|  |  | MainMenuStrip | menuStrip1 |  |  |
| Button | btnStart | Text | 开始游戏 | Click | btnStart_Click |
| TextBox | txtScore | ReadOnly | True |  |  |
|  |  | Text | 0 |  |  |
|  |  | Enable | False |  |  |
| Label | label1 | Text | 得分： |  |  |
| ColorDialog | colorDialog1 |  |  |  |  |
| MenuStrip | menuStrip1 |  |  |  |  |
| Panel | panel1 | Size | 400,300 |  |  |
|  |  | BorderStyle | Fixed3D |  |  |
| Timer | timer1 | Interval | 1000 | Tick | timer1_Tick |

MenuStrip 控件是在窗体中添加菜单栏。拖入此控件以后，就会在 FrmMain 窗体中自动添加一个空的菜单栏，可以通过多次单击菜单栏的空白项添加多个子菜单，如图 5-4 所示。

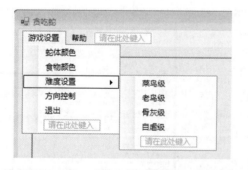
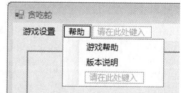

图 5-4　添加多个子菜单

FrmDirSet 窗体的界面布局如图 5-5 所示，从"工具箱"窗口中依次将每个控件添加到 FrmDirSet 窗体中。此界面主要让学生根据个人操作喜好完成键盘操控的设置。当光标定位到某个文本框时，在键盘上按相应的键即可完成该项的设置。单击"提交"按钮会使所有键盘设置生效，而直接关闭窗口则代表放弃所有键盘设置。

FrmDirSet 窗体中主要控件的属性和事件设置如表 5-7 所示。其中，5 个 TextBox 控件虽然是只读的，但是可以使用 KeyDown 事件改变 Text 属性的属性值以完成设置。因为 5 个 Label 控件在后台代码中使用不到，所以可以使用默认名称。

# 项目五 贪吃蛇

图 5-5 界面布局

表 5-7 FrmDirSet 窗体中主要控件的属性和事件设置

| 控件类别 | Name 属性值 | 其他属性 | 其他属性值 | 事 件 | 事 件 值 |
|---|---|---|---|---|---|
| Form | FrmDirSet | StartPosition | CenterScreen | Load | FrmDirSet_Load |
| | | Text | 键盘方向设置 | | |
| Button | btnSubmit | Text | 提交 | | |
| | | DialogResult | OK | | |
| Label | label1 | Text | 向上移动： | | |
| | label2 | Text | 向下移动： | | |
| | label3 | Text | 向左移动： | | |
| | label4 | Text | 向右移动： | | |
| | label5 | Text | 游戏暂停： | | |
| TextBox | txtUp | Text | W | KeyDown | txtUP_KeyDown |
| | | ReadOnly | True | | |
| | | TextAlign | Center | | |
| | txtDown | Text | S | KeyDown | txtDown_KeyDown |
| | | ReadOnly | True | | |
| | | TextAlign | Center | | |
| | txtLeft | Text | A | KeyDown | txtLeft_KeyDown |
| | | ReadOnly | True | | |
| | | TextAlign | Center | | |

续表

| 控件类别 | Name 属性值 | 其他属性 | 其他属性值 | 事件 | 事件值 |
|---|---|---|---|---|---|
| TextBox | txtRight | Text | D | KeyDown | txtRight_KeyDown |
| | | ReadOnly | True | | |
| | | TextAlign | Center | | |
| | txtStop | Text | Space | KeyDown | txtStop_KeyDown |
| | | ReadOnly | True | | |
| | | TextAlign | Center | | |

FrmDirSet 窗体是由 FrmMain 窗体中"方向控制"菜单以模式窗体的形式调用的,在这里把"提交"按钮的 DialogResult 属性设置为 OK,目的是把该按钮作为模式窗体的默认 OK 按钮。单击"提交"按钮会保存所有键盘设置,而直接关闭窗口则代表放弃所有键盘设置。

## 三、编写代码

本项目的后台代码主要分布在 Food.cs、Snake.cs、FrmDirSet.cs 和 FrmMain.cs 4 个类文件中。

### (一) 类文件 Food.cs

使用#region 进行代码折叠以后的效果如图 5-6 所示。需要手动引入两个命名空间,分别为 System.Windows.Forms 和 System.Drawing。

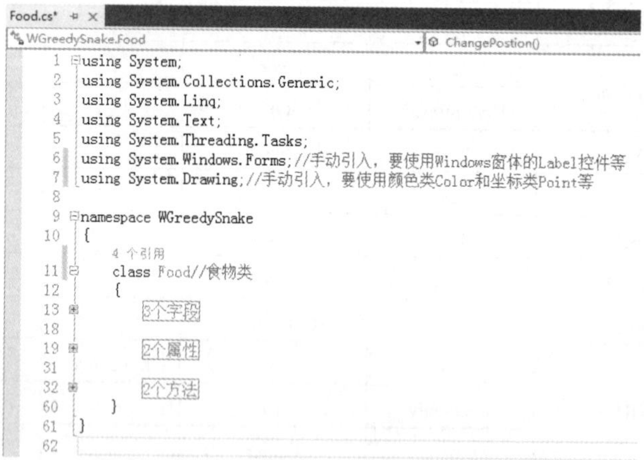

图 5-6 使用#region 进行代码折叠以后的效果

(1) 定义 3 个字段。

```
#region 定义 3 个字段
Color foodColor = Color.Red;//食物的颜色
Label food = new Label();//食物本身是一个 Label 控件
Point location;//食物的位置
#endregion
```

（2）定义 2 个属性，对应 2 个字段，分别为 location 和 foodColor，用于类间传值。字段默认的访问修饰符是 private，即私有的，定义属性的目的是把与其对应的字段公有化，属性的访问修饰符是 public。读索引器 get{}是读字段的值，写索引器 set{}是设置字段的值，这里属性 Location 把字段 location 的读/写操作都公有化了，而属性 FoodColor 只把字段 foodColor 的写操作公有化了。在一般情况下，属性的命名是把与其对应的字段的首字母大写。

```
#region 定义 2 个属性
public Point Location
{
    get { return location; }
    set { location = value; }
}

public Color FoodColor
{
    set { foodColor = value; }
}
#endregion
```

（3）编写 PutFood()方法。PutFood()方法包含一个 Control 类型的参数，表示存放食物的容器控件，实际对应 FrmMain 窗体中的 Panel 控件。其功能是生成食物，并把食物放到容器控件中的一个随机位置。当然，要提前计算好合理的位置。

```
/// <summary>
/// 放食物
/// </summary>
/// <param name="c">存放食物的容器</param>
public void PutFood(Control c)
{
    //容器大小是 400×300，单个 Label 控件的大小是 20×20，放食物的新位置为 X:0~19, Y:0~14
    food.BorderStyle = BorderStyle.FixedSingle;
    food.Size = new Size(20, 20);
    food.BackColor = foodColor;
    Random r=new Random();

    food.Location = new Point(r.Next(19) * 20, r.Next(14) * 20);
    location = food.Location;//用 Label 控件的位置更新食物的位置
    c.Controls.Add(food);
}
```

（4）编写 ChangePostion()方法。其功能是在当前食物被贪吃蛇吃掉以后，通过更换新位置来模拟重新生成新的食物。

```csharp
/// <summary>
/// 在当前食物被吃掉以后，更换新位置
/// </summary>
public void ChangePostion()
{
    Random r = new Random();
    food.Location = new Point(r.Next(19) * 20, r.Next(14) * 20);
    location = food.Location;//用 Label 控件的位置更新食物的位置
}
```

### （二）类文件 Snake.cs

使用#region 进行代码折叠以后的效果如图 5-7 所示。需要手动引入 3 个命名空间，分别为 System.Windows.Forms、System.Drawing 和 System.Collections。

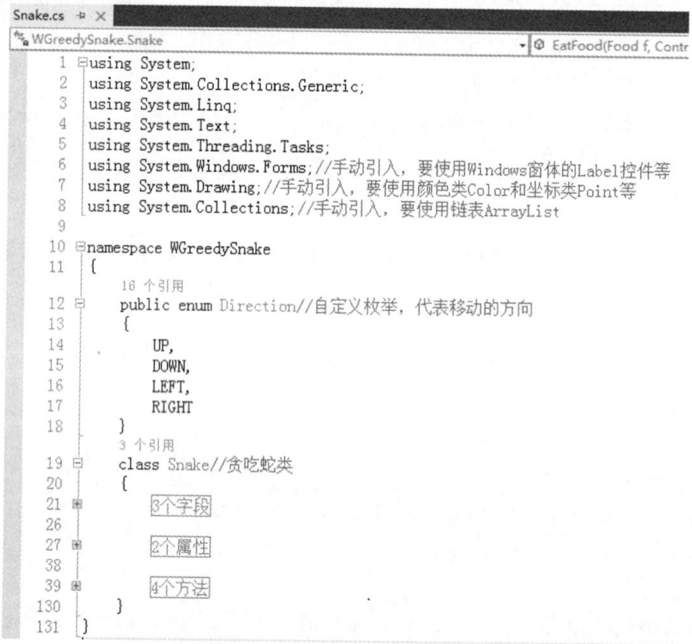

```
Snake.cs  ⇌ ×
WGreedySnake.Snake                                    EatFood(Food f, Contr
 1   using System;
 2   using System.Collections.Generic;
 3   using System.Linq;
 4   using System.Text;
 5   using System.Threading.Tasks;
 6   using System.Windows.Forms;//手动引入，要使用Windows窗体的Label控件等
 7   using System.Drawing;//手动引入，要使用颜色类Color和坐标类Point等
 8   using System.Collections;//手动引入，要使用链表ArrayList
 9
10   namespace WGreedySnake
11   {
         16 个引用
12       public enum Direction//自定义枚举，代表移动的方向
13       {
14           UP,
15           DOWN,
16           LEFT,
17           RIGHT
18       }
         3 个引用
19       class Snake//贪吃蛇类
20       {
21           3个字段
26
27           2个属性
38
39           4个方法
130      }
131  }
```

图 5-7 使用#region 进行代码折叠以后的效果

（1）定义枚举 Direction（该枚举定义的位置在类 Snake 的上面，在命名空间里面，和类 Snake 是平行的）。

```csharp
public enum Direction//自定义枚举，代表移动的方向
{
    UP,
    DOWN,
    LEFT,
    RIGHT
}
```

（2）定义 3 个字段。

```
#region 定义 3 个字段
int snakeSize = 5;//蛇体最初的长度：Label 控件的个数
Color snakeColor = Color.Green;//蛇体的颜色
ArrayList mySnake =new ArrayList();//动态数组
#endregion
```

（3）定义 2 个属性，对应 2 个字段分别为 snakeColor 和 mySnake，用于类间传值。这里的属性 SnakeColor 只把字段 snakeColor 的写操作公有化了，而属性 MySnake 把字段 mySnake 的读/写操作都公有化了。

```
#region 定义 2 个属性
public Color SnakeColor
{
    set { snakeColor = value; }//只有写操作
}
public ArrayList MySnake
{
    get { return mySnake; }
    set { mySnake = value; }
}
#endregion
```

（4）编写 CreateSnake()方法。CreateSnake()方法包含一个 Control 类型的参数，表示存放贪吃蛇的容器控件，实际上对应的是 FrmMain 窗体中的 Panel 控件。其功能是生成贪吃蛇，设置贪吃蛇的长度、大小、位置、颜色等，并把其放入容器控件的中心位置，这个中心位置需要根据 Panel 控件和 Label 控件的大小计算。

```
/// <summary>
/// 蛇体初始化
/// </summary>
/// <param name="c">贪吃蛇所在的容器</param>
public void CreateSnake(Control c)
{
    for (int i = 0; i < snakeSize; i++)
    {
        Label lbl = new Label();
        lbl.Size = new Size(20, 20);
        lbl.Location = new Point(200+i*20, 140);//贪吃蛇第一次出现在容器的中心位置
        lbl.BackColor = snakeColor;
        lbl.BorderStyle = BorderStyle.FixedSingle;
        mySnake.Add(lbl);
        c.Controls.Add(lbl);
```

        }
    }

（5）编写 SnakeMove()方法。其功能是让贪吃蛇动起来，并根据字段 dir 的变化而改变移动方向，算法思路和跑马灯项目的 timer2_Click()方法类似。

```csharp
/// <summary>
/// 贪吃蛇移动
/// </summary>
/// <param name="dir">移动的方向</param>
public void SnakeMove(Direction dir)
{
    //除蛇头以外，每一个Label控件都移动到前一个Label控件的位置
    for (int i = mySnake.Count-1; i >0; i--)
    {
        ((Label)mySnake[i]).Location = ((Label)mySnake[i - 1]).Location;
    }
    //根据移动方向，控制蛇头走向
    switch (dir)
    {
        case Direction.UP: //向上移动
            ((Label)mySnake[0]).Top -= 20;
            break;
        case Direction.DOWN://向下移动
            ((Label)mySnake[0]).Top += 20;
            break;
        case Direction.LEFT: //向左移动
            ((Label)mySnake[0]).Left -= 20;
            break;
        case Direction.RIGHT: //向右移动
            ((Label)mySnake[0]).Left += 20;
            break;
    }
}
```

（6）编写 IsDead()方法。IsDead()方法的返回类型为布尔型，用于判断贪吃蛇是否死亡，在撞到容器的边沿或撞到贪吃蛇自身时都会导致死亡。

```csharp
/// <summary>
/// 在贪吃蛇移动时，判断是否死亡
/// </summary>
/// <param name="c">容器</param>
/// <returns>布尔型，true：死亡，false：没有死亡</returns>
public bool IsDead(Control c)
{
    //撞自己导致死亡
```

```
        foreach (Label lbl in mySnake.GetRange(1, mySnake.Count - 1))
        {
            if (lbl.Location == ((Label)mySnake[0]).Location)
                return true;
        }
        //撞墙导致死亡
        if (((Label)mySnake[0]).Left < 0 || ((Label)mySnake[0]).Top < 0 ||
((Label)mySnake[0]).Left > c.Width - 20 || ((Label)mySnake[0]).Top >
c.Height - 20)
        {
            return true;
        }
        return false;
    }
```

（7）编写 EatFood()方法。EatFood()方法的返回类型为布尔型，有两个参数，分别是食物和贪吃蛇所在的容器，用于判断贪吃蛇是否吃到了食物。如果贪吃蛇吃到了食物，则贪食蛇会生长，即在蛇尾处增加一个 Label 控件。当蛇头和食物的位置相等时，则吃到了食物。

```
    /// <summary>
    /// 吃食物，生长
    /// </summary>
    /// <param name="f">被吃的食物</param>
    /// <param name="c">容器</param>
    /// <returns>是否成功, true: 吃到了, false: 没吃到</returns>
    public bool EatFood(Food f,Control c)
    {
        //当蛇头和食物的位置相等时，则吃到了食物，返回 true
        if (((Label)mySnake[0]).Location == f.Location)
        {
            Label lbl = new Label();
            lbl.Size = new Size(20, 20);
            lbl.Location = ((Label)mySnake[mySnake.Count-1]).Location;
            lbl.BackColor = snakeColor;
            lbl.BorderStyle = BorderStyle.FixedSingle;
            mySnake.Add(lbl);
            c.Controls.Add(lbl);
            return true;
        }
        return false;
    }
```

（三）类文件 FrmDirSet.cs

使用#region 进行代码折叠以后的效果如图 5-8 所示。由于在创建类文件 FrmDirSet.cs

时选择的是 Windows 窗体，所以无须手动导入命名空间 System.Windows.Forms。

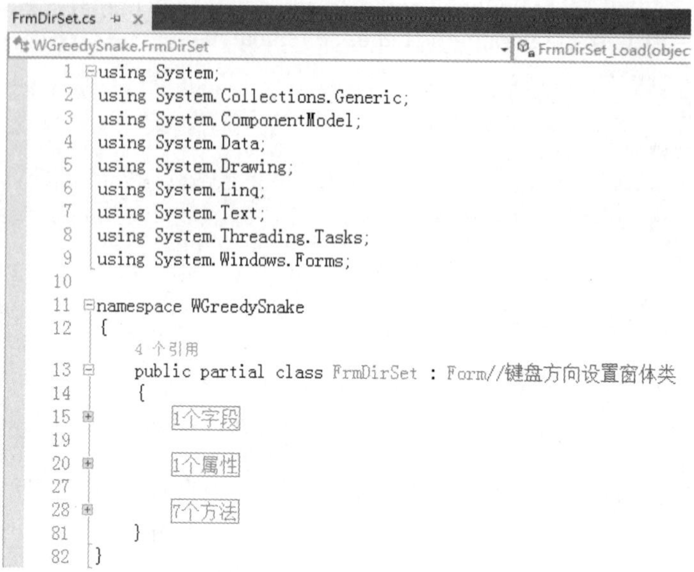

图 5-8  使用#region 进行代码折叠以后的效果

（1）定义 1 个字段，用于存放键盘信息。

```
#region 定义 1 个字段
//键盘数组包含 5 个控制键，分别为上、下、左、右、暂停键
Keys[] myKeys = { Keys.W, Keys.S, Keys.A, Keys.D, Keys.Space };
#endregion
```

（2）定义 1 个属性，把对应字段（myKeys）的读/写操作都公有化。

```
#region 定义 1 个属性
public Keys[] MyKeys
{
    get { return myKeys; }
    set { myKeys = value; }
}
#endregion
```

（3）编写窗体 FrmDirSet 的 Load 事件绑定的方法 FrmDirSet_Load()。FrmDirSet_Load()方法是双击窗体空白处自动生成的，Load 事件是 Windows 窗体的默认事件。其功能是把字段 myKeys 中每个键对应的字符读到与之对应的文本框中，而字段 myKeys 的值是在窗体 FrmDirSet 实例化时读取的当前系统的键盘设置情况。

```
/// <summary>
/// 读取当前系统的键盘设置情况
/// </summary>
/// <param name="sender"></param>
/// <param name="e"></param>
private void FrmDirSet_Load(object sender, EventArgs e)
```

```
{
    txtUp.Text = myKeys[0].ToString();
    txtDown.Text = myKeys[1].ToString();
    txtLeft.Text = myKeys[2].ToString();
    txtRight.Text = myKeys[3].ToString();
    txtStop.Text = myKeys[4].ToString();
}
```

（4）分别编写 5 个 TextBox 的键盘按下事件绑定的方法 txtUp_KeyDown()、txtDown_KeyDown()、txtLeft_KeyDown()、txtRight_KeyDown()、txtStop_KeyDown()。这 5 个方法不是双击 TextBox 控件自动生成的，而是分别选择对应的 TextBox 控件，单击"属性"窗口中的"事件"按钮，并找到 KeyDown 事件，双击 KeyDown 事件的事件值添加的。因为 TextBox 控件的默认事件是 TextChanged 事件而不是 KeyDown 事件，所以双击 TextBox 控件只能添加默认事件。这 5 个方法的功能为把在选择文本框时按键盘上对应的字符显示到文本框中，同时更新键盘数组 myKeys 中对应的元素。

```
/// <summary>
/// 设置"向上移动"的按键
/// </summary>
/// <param name="sender"></param>
/// <param name="e"></param>
private void txtUp_KeyDown(object sender, KeyEventArgs e)
{
    txtUp.Text = e.KeyCode.ToString();//按键盘上对应的字符显示到文本框中
    myKeys[0] = e.KeyCode;//更新键盘数组的第 0 个元素，即"向上移动"对应的键
}

private void txtDown_KeyDown(object sender, KeyEventArgs e)
{
    txtDown.Text = e.KeyCode.ToString();
    myKeys[1] = e.KeyCode;
}

private void txtLeft_KeyDown(object sender, KeyEventArgs e)
{
    txtLeft.Text = e.KeyCode.ToString();
    myKeys[2] = e.KeyCode;
}

private void txtRight_KeyDown(object sender, KeyEventArgs e)
{
    txtRight.Text = e.KeyCode.ToString();
    myKeys[3] = e.KeyCode;
}

private void txtStop_KeyDown(object sender, KeyEventArgs e)
```

```
{
    txtStop.Text = e.KeyCode.ToString();
    myKeys[4] = e.KeyCode;
}
```

### （四）类文件 FrmMain.cs

使用#region 进行代码折叠以后的效果如图 5-9 所示。由于在创建类文件 FrmMain.cs 时选择的是 Windows 窗体，所以无须手动导入命名空间 System.Windows.Forms。

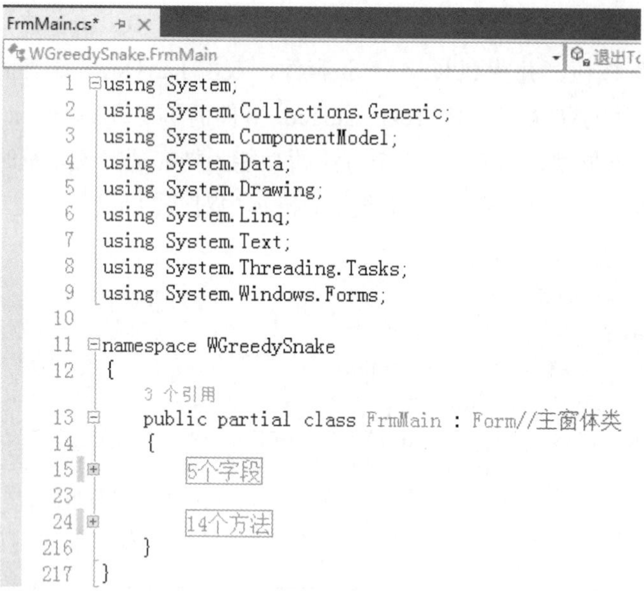

```
FrmMain.cs* ← ×
WGreedySnake.FrmMain
 1  using System;
 2  using System.Collections.Generic;
 3  using System.ComponentModel;
 4  using System.Data;
 5  using System.Drawing;
 6  using System.Linq;
 7  using System.Text;
 8  using System.Threading.Tasks;
 9  using System.Windows.Forms;
10
11  namespace WGreedySnake
12  {
        3 个引用
13      public partial class FrmMain : Form//主窗体类
14      {
15          5个字段
23
24          14个方法
216     }
217 }
```

图 5-9 使用#region 进行代码折叠以后的效果

（1）定义 5 个字段。

```
#region 定义 5 个字段
Snake s = new Snake();//贪吃蛇蛇体
Food f = new Food();;//食物
Direction dir = Direction.LEFT;//贪吃蛇的移动方向，初始值为向左移动
int score = 0;//分数，每吃一个食物+1
//键盘数组包含 5 个控制键，分别为上、下、左、右、暂停键
Keys[] myKeys = { Keys.W, Keys.S, Keys.A, Keys.D, Keys.Space };
#endregion
```

（2）编写"开始游戏"按钮的单击事件绑定的方法 btnStart_Click()，启动贪吃蛇游戏。btnStart_Click()方法是双击 btnStart 自动生成的。

```
/// <summary>
/// 开始游戏
/// </summary>
/// <param name="sender">激发该事件的控件 button</param>
/// <param name="e">事件的参数</param>
```

```
private void btnStart_Click(object sender, EventArgs e)
{
    s.CreateSnake(panel1);//创建蛇体
    dir = Direction.LEFT;//设置贪吃蛇默认为向左移动
    //虽然字段dir的默认值为向左，但是该语句并非多余
    //当游戏结束后再次开始游戏时起作用，否则字段dir是上次死亡时的值
    btnStart.Enabled = false;//防止多次启动游戏
    this.Focus();//焦点定位到MainFrm窗体
    f.PutFood(panel1);//放食物
    timer1.Enabled = true;
}
```

（3）编写timer1_Tick()方法。timer1_Tick()方法是双击timer1自动生成的，让贪吃蛇动起来。在贪吃蛇移动的同时还需要做两件事，一是每走一步都要判断贪吃蛇是否死亡，如果死亡则弹窗提示Game Over，并清理所有控件和积分等，为下一次游戏做准备；二是每走一步都要判断是否吃到食物，如果吃到食物则贪吃蛇会生长，食物会改变位置，并增加积分、调整速度等。

```
private void timer1_Tick(object sender, EventArgs e)
{
    s.SnakeMove(dir);//贪吃蛇移动
    if(s.IsDead(panel1))//判断是否死亡
    {
        timer1.Enabled = false;
        MessageBox.Show("Game Over");
        panel1.Controls.Clear();//清空panel（死蛇和食物）
        f = new Food();//重新创建食物
        s = new Snake();//重新创建贪吃蛇
        score = 0;//积分清零
        txtScore.Text = "0";
        btnStart.Enabled = true;//再次启动游戏
        return;//游戏结束，防止继续执行后面的代码
    }
    if (s.EatFood(f,panel1))//判断是否吃到食物
    {
        f.ChangePostion();//食物没有消失，只是改变位置
        score++;
        txtScore.Text = score.ToString();
        //通过改变Timer控件的时间间隔来实现游戏速度的设置，随着分数的增长，游戏难度
        //加大
        if (score < 10&&timer1.Interval>=1000)//菜鸟级
            timer1.Interval = 1000;
        else if (score < 20&&timer1.Interval>=500)//老鸟级
            timer1.Interval = 500;
        else if (score < 30&&timer1.Interval>=300)//骨灰级
```

```
            timer1.Interval = 300;
        else//自虐级
            timer1.Interval = 100;
        if (score >= 100)
        {
            timer1.Enabled = false;
            MessageBox.Show("游戏通关");
        }
    }
}
```

（4）编写窗体 FrmMain 的键盘按下事件绑定的方法 MainFrm_KeyDown()。MainFrm_KeyDown()方法可以实现用键盘控制贪吃蛇的移动方向。

```
/// <summary>
/// FrmMain 窗体的键盘响应事件，用于控制贪吃蛇的移动方向
/// </summary>
/// <param name="sender">激发该事件的控件 Form</param>
/// <param name="e">事件的参数：用户按下的键</param>
private void MainFrm_KeyDown(object sender, KeyEventArgs e)
{
    //通过蛇头和蛇脖子的相对位置判断当前移动的方向
    //要注意避免此类 bug:在向下移动时，同时按右方向键和上方向键或左方向键和上方向键，
    //出现 Game Over
    if (e.KeyCode == myKeys[0])//按上方向键
    {
    //当蛇头和蛇脖子即将叠在一起时，则会出现上述 bug,使用 if 语句来解决
if (((Label)s.MySnake[0]).Top - 20 == ((Label)s.MySnake[1]).Top)
        {
            dir = Direction.DOWN;
        }
        else
        {
            dir = Direction.UP;
        }
    }
    if (e.KeyCode == myKeys[1])//按下方向键
    {
        if (((Label)s.MySnake[0]).Top + 20 == ((Label)s.MySnake[1]).Top)
        {
            dir = Direction.UP;
        }
        else
        {
```

```csharp
            dir = Direction.DOWN;
        }
    }
    if (e.KeyCode == myKeys[2])//按左方向键
    {
        if (((Label)s.MySnake[0]).Left - 20 == ((Label)s.MySnake[1]).Left)
        {
            dir = Direction.RIGHT;
        }
        else
        {
            dir = Direction.LEFT;
        }
    }
    if (e.KeyCode == myKeys[3])//按右方向键
    {
        if (((Label)s.MySnake[0]).Left + 20 == ((Label)s.MySnake[1]).Left)
        {
            dir = Direction.LEFT;
        }
        else
        {
            dir = Direction.RIGHT;
        }
    }
    if (e.KeyCode == myKeys[4])//按暂停键
    {
        timer1.Enabled = !timer1.Enabled;//切换启动和暂停模式
    }
}
```

（5）分别编写子菜单"蛇体颜色 ToolStripMenuItem"和"食物颜色 ToolStripMenuItem"的 Click 事件绑定的方法"蛇体颜色 ToolStripMenuItem_Click()"和"食物颜色 ToolStripMenuItem_Click()"。这两个方法是双击对应的子菜单自动生成的，功能是调用颜色对话框，分别设置蛇体颜色和食物颜色。

```csharp
private void 蛇体颜色ToolStripMenuItem_Click(object sender, EventArgs e)
{
    //调用颜色对话框，设置蛇体颜色
    if (colorDialog1.ShowDialog() == DialogResult.OK)
    {
        s.SnakeColor = colorDialog1.Color;
    }
}
```

# C#程序设计

```csharp
private void 食物颜色ToolStripMenuItem_Click(object sender, EventArgs e)
{
    //调用颜色对话框，设置食物颜色
    if (colorDialog1.ShowDialog() == DialogResult.OK)
    {
        f.FoodColor = colorDialog1.Color;
    }
}
```

（6）编写"方向控制ToolStripMenuItem_Click()"方法。"方向控制ToolStripMenuItem_Click()"方法用于打开键盘方向设置窗体，自定义键盘操作。

> **注意**
>
> 在为两个数组赋值时，不能只用数组名称赋值，应该用循环语句把数组内所有元素依次赋值。

```csharp
/// <summary>
/// 打开键盘设置窗体
/// </summary>
/// <param name="sender">菜单</param>
/// <param name="e">参数</param>
private void 方向控制ToolStripMenuItem_Click(object sender, EventArgs e)
{
    FrmDirSet ds = new FrmDirSet();
    //用当前设置给窗体字段（属性）赋值，但是用这种方法给两个数组赋值是错误的，应该用
    //下面的循环语句依次给数组中的每个元素单独赋值
    //ds.MyKeys = myKeys;
    for (int i = 0; i < myKeys.Length; i++)
        ds.MyKeys[i] = myKeys[i];
    //只有单击"提交"按钮设置才会生效，直接关闭窗口将放弃设置
    if (ds.ShowDialog() == DialogResult.OK)
    {
        //用窗体的属性（字段）来更新当前键盘设置，但是用这种方法给两个数组赋值是错误
        //的，应该用下面的循环语句依次给数组中的每个元素单独赋值
        //myKeys = ds.MyKeys;
        for (int i = 0; i < myKeys.Length; i++)
            myKeys[i] = ds.MyKeys[i];
    }
}
```

（7）分别编写其余子菜单对应的方法。这几个方法分别为设置游戏等级、打开游戏帮助信息、打开游戏版本信息、退出整个程序等。

```csharp
private void 菜鸟级ToolStripMenuItem_Click(object sender, EventArgs e)
```

```csharp
{
    timer1.Interval = 1000;
}

private void 老鸟级ToolStripMenuItem_Click(object sender, EventArgs e)
{
    timer1.Interval = 500;
}

private void 骨灰级ToolStripMenuItem_Click(object sender, EventArgs e)
{
    timer1.Interval = 300;
}

private void 自虐级ToolStripMenuItem_Click(object sender, EventArgs e)
{
    timer1.Interval = 100;
}

private void 游戏帮助ToolStripMenuItem_Click(object sender, EventArgs e)
{
    MessageBox.Show("可以利用菜单设置蛇体和食物的颜色,也可以设置游戏速度。",
        "游戏帮助", MessageBoxButtons.OK, MessageBoxIcon.Information);
}

private void 版本说明ToolStripMenuItem_Click(object sender, EventArgs e)
{
    MessageBox.Show("贪吃蛇 v2.0\nXXX 版权所有\n20XX 年—20XX 年", "版本说明",
        MessageBoxButtons.OK, MessageBoxIcon.Exclamation);
}

private void 退出ToolStripMenuItem_Click(object sender, EventArgs e)
{
    Application.Exit();
}
```

## 项目总结

本项目比较复杂,涉及两个 Windows 窗体、4 个类之间相互调用,主要完成经典游戏——贪吃蛇的设计。除了完成贪吃蛇基本方向的控制和吃食物的功能的设置,还可以设置蛇体和食物的颜色,同时支持游戏难度的设置和自定义方向控制键。通过本项目,可以学习颜色对话框 ColorDialog 的使用、类与类之间用属性传值等知识。

学习的最终目的是应用。从贪吃蛇游戏的开发过程中可以看出，如果能够把所学知识灵活地应用到现实生活或工作中，那么会让所学知识落到实处，促进工作，提高生活的趣味。

## 项目提升

在一些加强版的贪吃蛇游戏中会设置一些地雷食物，一旦贪吃蛇吃到地雷食物就会结束游戏。改进贪吃蛇项目，增加地雷食物的功能。

# 项目六

# 计算器

## 思政目标

- 鼓励学生追求真理
- 培养学生勇于担当的精神
- 培养学生精益求精的态度

## 技能目标

- 了解装箱和拆箱
- 学会用多个控件的 Click 事件绑定同一个方法,以提高代码利用率
- 学会使用 Math 类进行常见的数学运算

## 项目导读

使用 C#除了可以开发小游戏,还可以开发一些简单的应用程序,像 Windows 自带计算器等。

# 任务一 知识点

## 任务引入

要开发计算器应用程序,就必须先了解 Windows 自带计算器中每一个按键的用法。这里还有一个问题,即计算器的按键有很多,需要给每个按键都写一个方法吗?当然不需要,下面将介绍具体方法。

## 任务分析

通过操作 Windows 7 自带计算器了解计算器中每个按键的功能,也可以说是进行一次软件开发的需求分析。在设计时,先把按键分类,对于功能相近的按键可以共用同一个方法,以提高代码的重用率,然后借鉴拆箱原理,对每个按键进行分离处理。

## 知识准备

### 一、装箱和拆箱

装箱和拆箱是 C#类型系统的重要概念。装箱和拆箱允许将任何类型的数据转换为对象类型,同时也允许将任何类型的对象类型转换为与之兼容的数据类型。经过装箱和拆箱操作,使得任何类型的数据都可以看作对象的类型系统。其实,拆箱是装箱的逆过程。

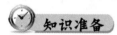注意

在装箱转换和拆箱转换过程中必须遵循类型兼容的原则,否则转换会失败。

#### (一)装箱

装箱转换指将一个值类型的数据隐式地转换成一个对象(object)类型的数据,或把这个值类型的数据隐式地转换成一个值类型的数据对应的接口类型的数据。把一个值类型装箱,就是创建一个对象类型的实例,并把值类型的值复制给对象。

下面的两条代码就执行了装箱转换。

```
int k=1;
object obj=k;
```

第 1 条代码先声明一个整型变量 k 并对其赋值,第 2 条代码则先创建了一个对象类

型的实例（obj），然后将 k 的值复制给 obj。在执行装箱转换时，也可以使用显式转换。例如：

```
int k=1;
object obj=(object)k;
```

虽然这样做是合法的，但没有必要。

装箱转换实例：

```
class Program
{
    static void Main(string[] args)
    {
        Console.WriteLine("执行装箱转换: ");
        int k=2;
        object obj=k;
        k=3;
        Console.WriteLine("obj={0}",obj);
        Console.WriteLine("k={0}",k);
    }
}
```

程序执行后，输出结果如下：

```
执行装箱转换:
obj=2
k=3
```

从上面的输出结果可知，通过装箱转换，可以把一个整型数值复制给一个对象类型的实例，而被装箱的整型变量自身的数值并不会受到装箱的影响。

（二）拆箱

和装箱转换相反，拆箱转换指将一个对象类型的数据显式地转换成一个值类型数据，或将一个接口类型的数据显式地转换成一个执行接口的值类型的数据。

拆箱操作分为两步。首先检查对象类型的实例，确保它是给定值类型的一个装箱值，然后把实例的值复制到值类型的数据中。

下面两条代码就执行了拆箱转换。

```
object obj=2;
int k=(int)obj;
```

在执行上面两条代码的过程中，首先会检查 obj 这个对象类型的实例的值是否为给定值类型的装箱值，由于 obj 的值为 2，给定的值类型为整型，所以满足拆箱转换的条件，会将 b 的值复制给整型变量 k。从第 2 条代码中可以看出，拆箱转换需要执行显式转换，这是它与装箱转换的不同之处。

拆箱转换实例：

```
class Program
{
    static void Main(string[] args)
    {
        int k = 2;
        object obj = k;//装箱转换
        int j = (int)obj;//拆箱转换
        Console.WriteLine("k={0},obj={1},j={2}",k,obj,j);
    }
}
```

程序执行后，输出结果如下：

```
k=2, obj=2, j=228
```

## 二、计算器的功能

Windows 7 自带的标准型计算器界面如图 6-1 所示。Windows 标准型计算器提供了生活中常用的数学计算功能。在图 6-1 中，除了数字和基本运算符，还有几个特殊按键。在这里有必要详细介绍一下它们的用法，以便于计算器项目开发的顺利进行。

图 6-1 Windows 标准型计算器

① MC：清除存储器中的数字。

② MR：将存于存储器中的数字显示在计算器的显示框上。

③ MS：将显示框上的数字存于存储器中。如果存储器中有数字，那么将会显示 M 标志。

④ M+：将显示框上的数字与存储器中的数字相加并进行存储。

⑤ M-：将显示框上的数字与存储器中的数字相减并进行存储。

⑥ ←：退格，删除当前输入数字中的最后一位。

⑦ CE：清除，清除显示的数字。

⑧ C：清除所有数据（包括输入的运算量、运算中间值或结果值），进行计算器的清零工作。

⑨ ±：改变当前显示数字的符号。

⑩ √：计算当前显示数字的平方根。

⑪ %：表示某个数字的百分比。

⑫ 1/x：计算当前显示数字的倒数。

为了弄清这几个存储器按键的使用方法，下面以计算 6+2×4-6/12 为例加以说明，步骤如下：

① 输入 6，并按"MS"键。这时在显示框的左下角会出现 M 标志，表明存储器已有数据，否则 M 标志将不出现。

② 按顺序输入"2*4="后，显示框上显示 8。按"M+"键，存储器中的数字变为 14（这个数字是不显示的）。

③ 按顺序输入"6/12="后，显示框上显示 0.5。按"M-"键，存储器上的数字变为 13.5（这个数字是不显示的）。

④ 按"MR"键，将存储器中的数字读出来，显示框上显示计算结果 13.5。

⑤ 按"MC"键，将存储器中的数字清除。按"MR"键在读取存储器时，显示框上显示 0，说明存储器中的数字已被清除。

# 任务二　计算器项目案例

## 任务引入

详细了解了 Windows 7 计算器的功能之后，是不是早已经迫不及待地想自己开发一个计算器软件了？好的，马上开始吧！

## 任务分析

首先参照 Windows 7 自带计算器的界面进行界面布局，这里需要注意按键上部分特殊字符如何录入的问题。必须要保持按键上显示的字符和代码中对该按钮的 Text 属性的引用一致。在为按钮添加事件时，应先对按钮按照功能进行分类，如数字类、运算符类、存储器操作类等。

## 项目实施

### 一、创建项目

启动 VS2013 以后，选择"文件"→"新建"→"项目"命令，打开"新建项目"对话框，在左侧选择"Visual C#"选项，并选择中间的"Windows 窗体应用程序"选项，设置"位置"为"D:\CSharp\"，"名称"为"WCalculator"。

### 二、界面布局

本项目主要来开发一个类似于 Windows 7 标准型计算器的计算器，要求其可以实现

## C#程序设计

基本四则运算的功能，界面布局如图 6-2 所示。从"工具箱"窗口中依次将每个控件添加到 Form1 窗体中，其中 TextBox 控件设置为只读，充当计算器显示框的功能，在显示框的左下角放置一个 Label 控件，其 Text 属性的属性值为空，仅用于存储器在操作时显示 M 标志，其他控件均为 Button。

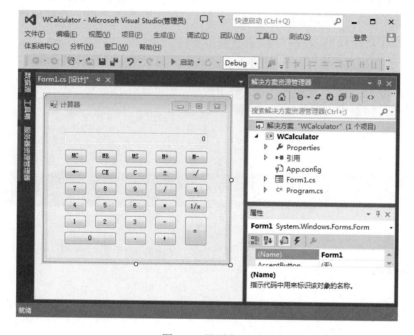

图 6-2  界面布局

主要控件的属性和事件设置如表 6-1 所示。其中，有几个按键控件的 Text 属性是特殊字符，分别为←、√、·、±，可以使用搜狗拼音输入法的软键盘录入。为了节省代码，同类的多个按键的 Click 事件绑定同一个方法。

表 6-1  主要控件的属性和事件设置

| 控件类别 | Name 属性值 | 其他属性 | 其他属性值 | 事　件 | 事 件 值 |
|---|---|---|---|---|---|
| Form | Form1 | StartPosition | CenterScreen | | |
| | | Text | 计算器 | | |
| | | MaximizeBox | False | | |
| | | FormBorderStyle | FixedSingle | | |
| TextBox | txtOutput | Text | 0 | | |
| | | ReadOnly | True | | |
| | | TextAlign | Right | | |
| Label | label1 | Text | | | |
| | | AutoSize | True | | |
| Button | btn0 | Text | 0 | Click | number |
| | btn1 | Text | 1 | Click | number |
| | btn2 | Text | 2 | Click | number |

续表

| 控件类别 | Name 属性值 | 其他属性 | 其他属性值 | 事件 | 事件值 |
|---|---|---|---|---|---|
| Button | btn3 | Text | 3 | Click | number |
| | btn4 | Text | 4 | Click | number |
| | btn5 | Text | 5 | Click | number |
| | btn6 | Text | 6 | Click | number |
| | btn7 | Text | 7 | Click | number |
| | btn8 | Text | 8 | Click | number |
| | btn9 | Text | 9 | Click | number |
| | btnAdd | Text | + | Click | operator1 |
| | btnSub | Text | − | Click | operator1 |
| | btnMul | Text | * | Click | operator1 |
| | btnDiv | Text | / | Click | operator1 |
| | btnEqual | Text | = | Click | btnEqual_Click |
| | btnSqrt | Text | √ | Click | operator2 |
| | btnPercent | Text | % | Click | operator2 |
| | btnInverse | Text | 1/x | Click | operator2 |
| | btnSign | Text | ± | Click | operator2 |
| | btnDot | Text | . | Click | operator3 |
| | btnBackspace | Text | ← | Click | operator3 |
| | btnCE | Text | CE | Click | operator3 |
| | btnC | Text | C | Click | operator3 |
| | btnMC | Text | MC | Click | operator4 |
| | btnMR | Text | MR | Click | operator4 |
| | btnMS | Text | MS | Click | operator4 |
| | btnMAdd | Text | M+ | Click | operator4 |
| | btnMSub | Text | M− | Click | operator4 |

### 注意

在布局时，要把 label1 放到 txtOutput 的左下角，并将 label1 置于顶层，label1 仅用于存储器在运算时显示 M 标志。

下面以数字键为例说明多个键的 Click 事件绑定同一个方法的操作步骤。在按住"Ctrl"键的同时依次按数字 0~9 对应的键，同时选择 10 个按钮以后，选择"属性"→"事件"→"Click"命令，并输入"number"以后按回车键，系统自动生成 number 方法，这样就完成了多个数字键的 Click 事件同时绑定同一个方法（number）的操作。

### 三、编写代码

前台界面（"Form1.cs[设计]"窗口）设置完成之后，右击"Form1"，在弹出的快捷菜单中选择"查看代码"命令进入代码编写界面("Form1.cs"窗口），或右击"解决方案资源管理器"窗口中的文件"Form1.cs"，在弹出的快捷菜单中选择"查看代码"也可以进入代码编写界面。

（1）定义窗体的公共变量（即类 Form1 的字段）。

```
#region 定义 5 个字段
double num1 = 0;//第一个操作数
double num2 = 0;//第二个操作数
double memery = 0;//用于存放 MS、MR 等按键对应的存储器值
string opr = "";//运算符
//用于按等号以后，防止数字拼接。例如，先按 1+1=，再按 3，不会拼接成 23
bool flag = false;
#endregion
```

（2）编写 10 个数字键的单击事件 Click 绑定的方法 number()，主要用于记录输入的数字。参数 sender 是对象类型，需要进行强制转换处理，即用显式类型转换的方式把参数 sender 转换为 Button 控件类型。

```
private void number(object sender, EventArgs e)//用于处理 0～9 数字按键
{
    if (flag)
    {
        txtOutput.Text = "0";
        opr = "";
        flag = false;//解决新问题，即先按 1+1=，再按 3+4=9，结果为 9，出现错误
    }
    Button b = (Button)sender;//强制转换，注意不是拆箱转换，拆箱转换是拆成值类型
    if (txtOutput.Text == "0")//用于当电子屏初值为 0 时，替换
        txtOutput.Text = b.Text;
    else
        txtOutput.Text += b.Text;//用于在电子屏初值不为 0 时，拼接
}
```

（3）编写+、-、*、/按键单击事件 Click 绑定的方法 operator1()，主要用于给第一个操作数（num1）和运算符（opr）赋值。这里用到了 double 类型的 TryParse 方法。TryParse 方法是把第一个字符串参数转换为 double 类型。如果转换成功，则值存入第二个 double 类型的参数，并返回 true；如果转换失败，则返回 false。其中，第二个参数前的关键字 out 指明 num1 可以不用赋初值，而且可以在方法中被赋值并将结果带出，即把 num1 参数数的传递方式由值传递转变为引用传递。

```
private void operator1(object sender, EventArgs e)//用于处理+、-、*、/按键
{
    //if(opr!="")
    //用于处理连加，即 1+2+3，同时带来新问题，即先按 1+1=，再按 3+4=，结果为 9，出现错误
    //用于处理连加，即 1+2+3，同时解决上面的新问题，即先按 1+1=2，再按 3+4=，结果为 9，出现错误
    if(opr!=""&&!flag)
```

```
        {
            btnEqual_Click(sender, e);
        }
        Button b = (Button)sender;
        if (!double.TryParse(txtOutput.Text, out num1))
            txtOutput.Text = "0";
        opr = b.Text;
        txtOutput.Text = "0";
        flag = false;//解决新问题，即先按 1+1=，再按 3+4=，结果为 9，出现错误，再次解决 1+2+3 的问题
    }
```

（4）编写=按键单击事件 Click 绑定的方法 btnEqual_Click()，主要用于给第二个操作数（num2）赋值，并根据 opr 的值进行不同的运算，将结果显示到计算器的显示框上。

```
private void btnEqual_Click(object sender, EventArgs e)//用于处理=按键
{
    if (!flag)//用于连续按=键
    {
        if (!double.TryParse(txtOutput.Text, out num2))
            txtOutput.Text = "0";
    }
    switch(opr)
    {
        case "+": num1 += num2; break;
        case "-": num1 -= num2; break;
        case "*": num1 *= num2; break;
        case "/":
            if(num2==0)
            {
                txtOutput.Text = "除数不能为零";
                return;
            }
            else num1 /= num2; break;
    }
    txtOutput.Text = num1.ToString();
    flag = true;
}
```

（5）编写 1/x、√、%、± 按键单击事件 Click 绑定的方法 operator2()，主要用于处理倒数、根号、百分号、正负号这几个特殊按键。

```
private void operator2(object sender, EventArgs e)//用于处理 1/x、√、%、± 按键
{
    Button b = (Button)sender;
```

```csharp
    double t;
    if (!double.TryParse(txtOutput.Text, out t))
        txtOutput.Text = "0";
    switch(b.Text)
    {
        case "1/x":
            if (t == 0)
            {
                txtOutput.Text = "除数不能为零";
                return;
            }
            else
                t = 1 / t;
            break;
        case "√":
            if(t>=0)
                t = Math.Sqrt(t);
            else
            {
                txtOutput.Text = "无效输入";
                return;
            }
            break;
        case "%": t /= 100 ; break;
        case "±": t = -t; break;
    }
    txtOutput.Text = t.ToString();
}
```

（6）编写·、C、CE、←按键单击事件 Click 绑定的方法 operator3()，主要用于处理小数点、清除、清除所有数据、退格这几个特殊按键。

## 注意

在 case 分支中的小数点和小数点按键的 Text 属性的属性值必须一致，既可以都是半角，也可以都是全角。

```csharp
private void operator3(object sender, EventArgs e)//用于处理←、CE、C、.按键
{
    Button b = (Button)sender;
    switch(b.Text)
    {
        case "←":
            if (txtOutput.Text.Length > 1)
                txtOutput.Text = txtOutput.Text.Substring(0, txtOutput.Text.
```

```
Length - 1);
            else
                txtOutput.Text = "0";
            break;
        case "CE": txtOutput.Text = "0"; break;
        case "C":
            num1 = num2 = 0;
            opr = "";
            flag = false;
            txtOutput.Text = "0";
            break;
        case ".":
            if(txtOutput.Text.IndexOf(".")==-1)
                txtOutput.Text += ".";
            break;
    }
}
```

（7）编写 MC、MR、MS、M+、M-按键单击事件 Click 绑定的方法 operator4()，主要用于处理存储器操作。

```
private void operator4(object sender, EventArgs e)//用于处理MC、MR、MS、M+、M-按键
{
    Button b = (Button)sender;
    double t;
    switch(b.Text)
    {
        case "MC":
            memery = 0;
            label1.Text = "";//清除显示框左下角的M标志，表示存储器中数据已清除
            break;
        case "MR":
            txtOutput.Text = memery.ToString();
            break;
        case "MS":
            if (double.TryParse(txtOutput.Text, out t))
            {
                memery = t;
                label1.Text = "M";//显示显示框左下角的M标志，表示存储器中已有数据
                txtOutput.Text = "0";
            }
            break;
        case "M+":
            if (double.TryParse(txtOutput.Text, out t))
                memery += t;
```

```
            break;
        case "M-":
            if (double.TryParse(txtOutput.Text, out t))
                memery -= t;
            break;
    }
}
```

## 项目总结

本项目完成了计算器的开发，开发的计算器的功能和 Windows 7 自带的标准型计算器的功能相似，主要学习使用 sender 参数，强制转换获取发出事件通知的控件，并通过控件的 Text 属性识别不同控件；使用 double.TryParse()方法完成字符串向浮点数的安全转换，以及关键字 out 的使用；学会了多个控件的同一事件绑定同一方法的操作步骤和代码重用的程序设计思路。

## 项目提升

一、改进计算器项目，依次测试以下操作，使计算结果正确。
1. 程序开始运行以后，直接连续按+键或-键，系统是否会崩溃？
2. +/-按键的功能是否实现？
3. MC、MR、MS、M+、M-按键的功能是否实现？
4. 对 0 执行"1/x"操作应该出现什么提示？
5. 对负数执行"sqrt"操作应该出现什么提示？
6. 当计算完成 1+1=后，屏幕显示 2，如果此时按 3 键，会出现什么现象？
7. 对于非计算机专业的用户，不管怎么乱按，都不应该出现系统崩溃的现象。
8. 能否完成类似(-2)+(-3)=的运算？
9. 能否完成类似 1+2+3=的运算？
10. 在计算 3/0=时，会不会提示"除数不能为零"？
11. 输入 1，并连续按两次退格键，会出现什么提示？
12. 完成 1+2=3 以后，继续按=键，有什么现象？
13. 窗口大小能否用鼠标拖动来改变？
14. 先计算 1+2=，再计算+4 的结果如何？

15．当计算完成 1+1=后，屏幕显示 2，此时继续计算 3+4=，结果是否会出现错误？

二、如果有兴趣可以进一步尝试 Windows 7 科学型计算器的开发。Windows 7 科学型计算器界面如图 6-3 所示。

图 6-3　Windows 7 科学型计算器界面

# 项目七

# 局域网聊天室

### 思政目标

- 培养信息安全意识
- 培养遵纪守法意识

### 技能目标

- 了解 Socket 网络编程的基本原理
- 掌握 IPEndPoint 类、Dns 类、NetworkStream 类、IPAddress 类的使用方法
- 能够使用 UdpClient 类完成基于 UDP 的局域网通信
- 能够使用 TcpListener 类和 TcpClient 类完成基于 TCP 的局域网通信
- 了解线程类 Thread 的使用

### 项目导读

使用 C#不但可以开发单机版的小游戏和应用程序,而且可以开发网络程序,如局域网聊天室等,可以使用 Socket 网络编程实现多台计算机的通信。

# 任务一　UDP 聊天室项目案例

## 任务引入

目前，常见的社交软件有 QQ、微信等，主要功能就是聊天。这些软件都是从早期的网络聊天室发展而来的，聊天室是一种典型的网络通信方式。下面开发一个基于 UDP 的局域网聊天室项目。

## 任务分析

UDP 是一个无连接的协议，通信双方为对等关系，不需要区分服务器端和客户端，只开发一个程序即可，参与聊天的用户都使用同样的程序来聊天。本任务属于网络程序开发，需要把计算机连入局域网，且需要用户具备一定的网络通信知识，在运行时需要关闭计算机防火墙或为程序设置防火墙允许。

## 项目实施

基于 UDP 的局域网聊天室项目，只需要一个程序，即所有参与聊天的用户都使用同一个程序，要求所有用户都在同一个局域网内，并且使用的 UDP 端口号一致，用主机号来区分用户身份。聊天效果如图 7-1 所示，端口号统一为 8888。其只能用于多台计算机聊天，不能在同一台计算机上运行两个程序。如果只用一台计算机测试，那么建议搭建虚拟机，使用物理机和虚拟机两个操作系统测试。

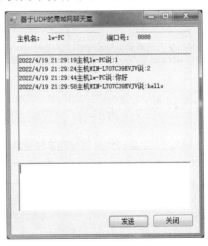

图 7-1　聊天效果

## 一、创建项目

启动 VS2013 以后,选择"文件"→"新建"→"项目"命令,打开"新建项目"对话框,在左侧选择"Visual C#"选项,并选择中间的"Windows 窗体应用程序"选项,设置"位置"为"D:\CSharp\","名称"为"WUdp"。

## 二、界面布局

本项目开发一个基于 UDP 的局域网聊天室,参与聊天的用户使用同一个程序,且 UDP 端口号要统一。界面布局如图 7-2 所示,从"工具箱"窗口中依次将每个控件添加到 Form1 窗体中。

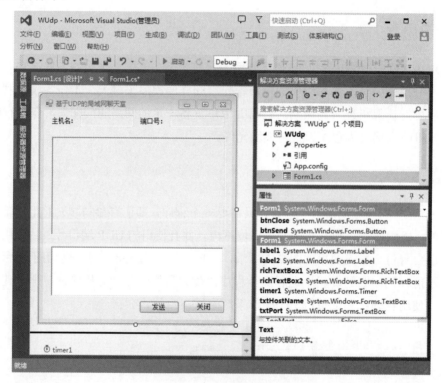

图 7-2 界面布局

主要控件的属性和事件设置如表 7-1 所示。

表 7-1 主要控件的属性和事件设置

| 控件类别 | Name 属性值 | 其他属性 | 其他属性值 | 事件 | 事件值 |
|---|---|---|---|---|---|
| Form | Form1 | StartPosition | CenterScreen | Load | Form1_Load |
| | | Text | 基于 UDP 的局域网聊天室 | FormClosed | Form1_FormClosed |
| | | AcceptButton | btnSend | | |

项目七　局域网聊天室

续表

| 控件类别 | Name 属性值 | 其他属性 | 其他属性值 | 事　件 | 事　件　值 |
|---|---|---|---|---|---|
| TextBox | txtHostName | ReadOnly | True | | |
| | txtPort | ReadOnly | True | | |
| Label | label1 | Text | 主机名： | | |
| | label2 | Text | 端口号： | | |
| Button | btnSend | Text | 发送 | Click | btnSend_Click |
| | btnClose | Text | 关闭 | Click | btnClose_Click |
| RichTextBox | rtxtShow | ReadOnly | True | | |
| | rtxtSend | | | | |
| Timer | timer1 | | | | |

## 三、编写代码

前台界面（"Form1.cs[设计]"窗口）设置完成之后，右击"Form1"，在弹出的快捷菜单中选择"查看代码"命令进入代码编写界面（"Form1.cs"窗口），或右击"解决方案资源管理器"窗口中的文件"Form1.cs"，在弹出的快捷菜单中选择"查看代码"命令也可以进入代码编写界面。本项目用到的 DNS、IP 地址信息需要引入命名空间 System.Net，UDP 服务需要引入命名空间 System.Net.Sockets，线程需要引入命名空间 System.Threading。

（1）定义窗体的公共变量（即类 Form1 的字段）。

```
#region 定义 5 个字段
//指定聊天用户统一的 UDP 端口号，可用范围为 0~65535，自定义端口号大于 1024
int port = 8888;
UdpClient udpClient;//UDP 通信专用类
IPEndPoint endPointSend;//发送端的 IP 和端口
IPEndPoint endPointGet;//接收端的 IP 和端口
Thread thd;//声明线程
#endregion
```

（2）编写 Form1 的加载事件 Load 绑定的方法 Form1_Load()，主要用于实例化 IP 地址、端口号、UDP 服务。

```
private void Form1_Load(object sender, EventArgs e)
{
    txtHostName.Text = Dns.GetHostName();//获取本机主机名
    txtPort.Text = port.ToString();
    //监听局域网所有主机的指定端口
    endPointGet = new IPEndPoint(IPAddress.Any, port);
    udpClient = new UdpClient(port);
    CheckForIllegalCrossThreadCalls = false;//不捕获错误线程
    timer1.Enabled = true;
}
```

（3）编写自定义方法 GetMessage()，主要用于接收来自局域网的 UDP 数据流，并显示到 RichTextBox 控件中。

```
void GetMessage()
{
    if (udpClient.Available > 0)//获取已经从网络接收并且是可读取的数据流
    {
        //获取从远程主机返回的数据报
        byte[] received = udpClient.Receive(ref endPointGet);
        //使用 UTF8 解码
        string getReceived = Encoding.UTF8.GetString(received);
        if (received.Length > 0)//判断接收的数据
        {
            //接收的字节流的格式为"主机名~要说的话"，使用 SubString()方法拆分
            rtxtShow.AppendText(DateTime.Now.ToString()+"主机"
+getReceived.Substring(0,getReceived.IndexOf("~"))+"说:"
+getReceived.Substring(getReceived.IndexOf("~")+1)+"\n");
            rtxtShow.SelectionStart = rtxtShow.Text.Length;//配置滚动条
        }
        thd.Abort();//终止线程
    }
}
```

（4）编写"发送"按钮单击事件 Click 绑定的方法 btnSend_Click()，主要用于把要说的话发送到网上，同时本地也能从网上获取自己发送出去的信息，并将信息显示到 rtxtShow 中。

```
private void btnSend_Click(object sender, EventArgs e)
{
    try
    {
        if (rtxtSend.Text != "")
        {
            endPointSend = new IPEndPoint(IPAddress.Broadcast, port);
            //向整个局域网发送广播
            udpClient.EnableBroadcast = true;
            //定义广播出去的字节流格式为"主机名~要说的话"
            byte[] send = Encoding.UTF8.GetBytes(Dns.GetHostName() + "~"
                                                + rtxtSend.Text.Trim());
            //调用 Send()方法发送出去
            udpClient.Send(send, send.Length, endPointSend);
            rtxtSend.Clear();
            rtxtShow.SelectionStart = rtxtShow.Text.Length;
        }
        else
        {
```

```
            MessageBox.Show("发送信息不能为空");
        }
    }
    catch (Exception ex)
    {
        MessageBox.Show(ex.Message);
    }
}
```

（5）编写 timer1_Tick()、btnClose_Click()和 Form1_FormClosed()方法。其中，timer1_Tick()方法用于创建线程，实时捕获网络数据流；btnClose_Click()方法用于关闭 UDP 服务、终止线程、退出程序，Form1_FormClosed()方法用于再次调用 btnClose_Click()方法，重用代码。

```
private void timer1_Tick(object sender, EventArgs e)
{
    //创建线程实例，线程执行GetMessage()方法
    thd = new Thread(new ThreadStart(GetMessage));
    thd.Start();//运行线程
}

private void btnClose_Click(object sender, EventArgs e)
{
    udpClient.Close();//关闭UDP服务
    thd.Abort();//终止线程
    Application.Exit();
}

private void Form1_FormClosed(object sender, FormClosedEventArgs e)
{
    btnClose_Click(sender, e);
}
```

# 任务二　TCP 聊天室项目案例

## 任务引入

在计算机网络课程中，传输层主要包含两个协议，分别为 TCP 和 UDP，那么是否可以再开发一个基于 TCP 的局域网聊天室呢？当然能！不过，TCP 聊天室与 UDP 聊天室不同，TCP 是面向连接的，需要分别开发服务器端和客户端。

### 任务分析

在服务器端用 TcpListener 类来监听客户端的连接请求，在客户端用 TcpClient 类连接服务器端的 IP 地址和端口号。连接建立成功以后，服务器端和客户端就可以发送聊天内容。

### 项目实施

基于 TCP 的局域网聊天室项目，需要两个程序，分别为服务器端和客户端，服务器端先启动服务，客户端使用服务器的主机名和端口号与服务器端连接。当然，一台服务器可以服务于多个客户端。聊天效果如图 7-3 所示。其可以用于多台计算机聊天，也可以在一台计算机上同时运行服务器端和客户端进行测试。

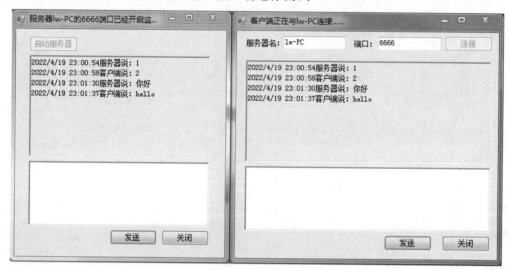

图 7-3 聊天效果

## 一、服务器端

### （一）创建项目

启动 VS2013 以后，选择"文件"→"新建"→"项目"命令，打开"新建项目"对话框，在左侧选择"Visual C#"选项，并选择中间的"Windows 窗体应用程序"选项，设置"位置"为"D:\CSharp\"，"名称"为"WTcpServer"。

### （二）界面布局

本项目开发一个基于 TCP 的局域网聊天室服务器端，为局域网聊天提供一个服务平台。启动服务器端以后，将主机名和端口号对外公开，等待 TCP 聊天室客户端的连接。界面布局如图 7-4 所示，从"工具箱"窗口中依次将每个控件添加到 Form1 窗体中。

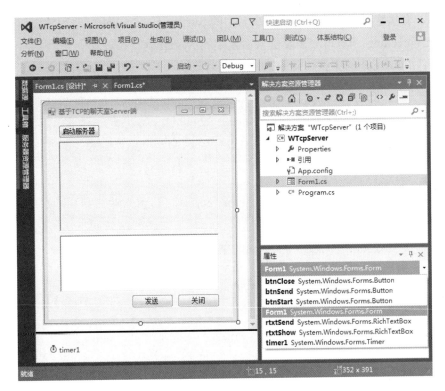

图 7-4 界面布局

主要控件的属性和事件设置如表 7-2 所示。

表 7-2 主要控件的属性和事件设置

| 控件类别 | Name 属性值 | 其他属性 | 其他属性值 | 事 件 | 事 件 值 |
|---|---|---|---|---|---|
| Form | Form1 | StartPosition | CenterScreen | FormClosing | Form1_FormClosing |
|  |  | Text | 基于 TCP 的聊天室 Server 端 |  |  |
|  |  | AcceptButton | btnSend |  |  |
| Button | btnStart | Text | 启动服务器 | Click | btnStart_Click |
|  | btnSend | Text | 发送 | Click | btnSend_Click |
|  | btnClose | Text | 关闭 | Click | btnClose_Click |
| RichTextBox | rtxtShow | ReadOnly | True |  |  |
|  | rtxtSend |  |  |  |  |
| Timer | timer1 |  |  |  |  |

（三）编写代码

前台界面（"Form1.cs[设计]"窗口）设置完成之后，右击"Form1"，在弹出的快捷菜单中选择"查看代码"命令进入代码编写界面（"Form1.cs"窗口），或右击"解决方案资源管理器"窗口中的文件"Form1.cs"，在弹出的快捷菜单中选择"查看代码"命令也可以进入代码编写界面。本项目用到的 DNS、IP 地址信息需要引入命名空间 System.Net，

TCP 服务、套接字、网络流需要引入命名空间 System.Net.Sockets，线程需要引入命名空间 System.Threading，读/写流需要引入命名空间 System.IO。

类文件 Form1.cs 的完整代码如下：

```csharp
using System;
using System.Collections.Generic;
using System.ComponentModel;
using System.Data;
using System.Drawing;
using System.Linq;
using System.Text;
using System.Threading.Tasks;
using System.Windows.Forms;
using System.Net;//DNS、IP 地址信息需要
using System.Net.Sockets;//TCP 服务、套接字、网络流需要
using System.Threading;//线程需要
using System.IO;//读/写流需要

namespace WTcpServer
{
    public partial class Form1 : Form
    {
        TcpListener listener;//TCP 的服务器监听
        Socket socketClient;
        NetworkStream netStream;//专门用于网络资源的基础流
        StreamReader serverReader;
        StreamWriter serverWriter;
        Thread thd;
        string ip = "192.168.0.103";//本服务器的 IP 地址
        //指定本服务器启动 TCP 监听的端口号，可用范围为 0~65535，自定义端口号大于 1024
        int port = 6666;

        void beginListener()
        {
            while (true)
            {
                CheckForIllegalCrossThreadCalls = false;
                try
                {
                    //配置 TCP 监听
                    listener = new TcpListener(IPAddress.Parse(ip), port);
                    listener.Start();//启动监听
                    this.Text = "服务器" + Dns.GetHostName() + "的" + port
                        + "端口已经开启监听…";
                    socketClient = listener.AcceptSocket();
                    netStream = new NetworkStream(socketClient);
                    serverReader = new StreamReader(netStream);
```

```csharp
            serverWriter = new StreamWriter(netStream);
            if (socketClient.Connected)
            {
                MessageBox.Show("来了一个客户端");
            }
        }
        //不要显示报错信息,否则会不断提示套接字只允许使用一次
        catch (Exception ex)
        {
            //MessageBox.Show(ex.Message);
        }
    }
}

public Form1()
{
    InitializeComponent();
}

private void btnStart_Click(object sender, EventArgs e)
{
    thd = new Thread(new ThreadStart(beginListener));
    thd.Start();
    btnStart.Enabled = false;
    timer1.Enabled = true;
}

private void btnSend_Click(object sender, EventArgs e)
{
    try
    {
        if (rtxtSend.Text.Trim() != "")
        {
            //用"要发送的信息"准备写入网络流
            serverWriter.WriteLine(rtxtSend.Text.Trim());
            //先把缓冲区的数据写入网络流,然后把缓冲区清空
            serverWriter.Flush();
            rtxtShow.AppendText(DateTime.Now.ToString() + "服务器说: "
+ rtxtSend.Text.Trim());
            rtxtSend.Clear();
            //配置滚动条
            rtxtShow.SelectionStart = rtxtShow.Text.Length;
        }
        else
        {
            MessageBox.Show("发送信息不能为空");
        }
```

```csharp
            }
            catch (Exception ex)
            {
                MessageBox.Show(ex.Message);
            }
        }

        private void timer1_Tick(object sender, EventArgs e)
        {
            //网络流不能为空，并且有可用数据
            if (netStream != null && netStream.DataAvailable)
            {
                rtxtShow.AppendText("\n" + DateTime.Now.ToString() + "客户端说："
                                    + serverReader.ReadLine() + "\n");
                rtxtShow.SelectionStart = rtxtShow.Text.Length;
            }
        }

        private void btnClose_Click(object sender, EventArgs e)
        {
            try
            {
                listener.Stop();//关闭TCP监听
                thd.Abort();//关闭线程
            }
            catch (Exception ex)
            {
                MessageBox.Show(ex.Message);
            }
            finally
            {
                Application.Exit();
            }
        }

        private void Form1_FormClosing(object sender, FormClosingEventArgs e)
        {
            btnClose_Click(sender, e);
        }
    }
}
```

## 二、客户端

### （一）创建项目

启动 VS2013 以后，选择"文件"→"新建"→"项目"命令，打开"新建项目"对话框,在左侧选择"Visual C#"选项,并选择中间的"Windows 窗体应用程序"选项,设置"位置"为"D:\CSharp\","名称"为"WTcpClient"。

## (二)界面布局

本项目开发一个基于 TCP 的局域网聊天室客户端,输入 TCP 聊天室服务器的主机名和端口号,并与服务器端建立连接,在连接成功后可以进行聊天。界面布局如图 7-5 所示,从"工具箱"窗口中依次将每个控件添加到 Form1 窗体中。

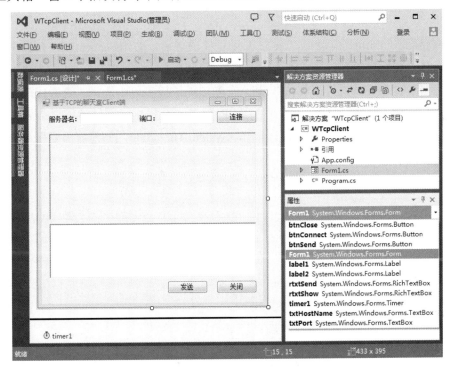

图 7-5 界面布局

主要控件的属性和事件设置如表 7-3 所示。

表 7-3 主要控件的属性和事件设置

| 控件类别 | Name 属性值 | 其他属性 | 其他属性值 | 事 件 | 事 件 值 |
|---|---|---|---|---|---|
| Form | Form1 | StartPosition | CenterScreen | FormClosing | Form1_FormClosing |
| | | Text | 基于 TCP 的聊天室 Client 端 | | |
| | | AcceptButton | btnSend | | |
| Button | btnConnect | Text | 连接 | Click | btnConnect_Click |
| | btnSend | Text | 发送 | Click | btnSend_Click |
| | btnClose | Text | 关闭 | Click | btnClose_Click |
| RichTextBox | rtxtShow | ReadOnly | True | | |
| | rtxtSend | | | | |

续表

| 控件类别 | Name 属性值 | 其他属性 | 其他属性值 | 事件 | 事件值 |
|---|---|---|---|---|---|
| Label | label1 | Text | 服务器名： | | |
| | label2 | Text | 端口： | | |
| TextBox | txtHostName | | | | |
| | txtPort | | | | |
| Timer | timer1 | | | | |

### （三）编写代码

前台界面（"Form1.cs[设计]"窗口）设置完成之后，右击"Form1"，在弹出的快捷菜单中选择"查看代码"命令进入代码编写界面（"Form1.cs"窗口），或右击"解决方案资源管理器"窗口中的文件"Form1.cs"，在弹出的快捷菜单中选择"查看代码"命令也可以进入代码编写界面。本项目用到的 TCP 服务、套接字、网络流需要引入命名空间 System.Net.Sockets，线程需要引入命名空间 System.Threading，读/写流需要引入命名空间 System.IO。

类文件 Form1.cs 的完整代码如下：

```csharp
using System;
using System.Collections.Generic;
using System.ComponentModel;
using System.Data;
using System.Drawing;
using System.Linq;
using System.Text;
using System.Threading.Tasks;
using System.Windows.Forms;
//using System.Net;//DNS、IP 地址信息需要，TCP 客户端可以不用
using System.Net.Sockets;//TCP 服务、套接字、网络流需要
using System.Threading;//线程需要
using System.IO;//读/写流需要

namespace WTcpClient
{
    public partial class Form1 : Form
    {
        TcpClient tcpClient;//TCP 客户端连接
        NetworkStream netStream;//专门用于网络资源的基础流
        StreamReader clientReader;
        StreamWriter clientWriter;
        Thread thd;

        public Form1()
        {
            InitializeComponent();
```

```csharp
        }
        void GetConn()
        {
            CheckForIllegalCrossThreadCalls = false;//不捕获错误线程
            while (true)
            {
                try
                {
                    //用服务器的主机名和端口号来实例化TCP客户端连接
                    tcpClient=new    TcpClient(txtHostName.Text.Trim(),int.Parse(txtPort.Text.Trim()));
                    btnConnect.Enabled = false;
                    //MessageBox.Show("连接已建立");
                    this.Text = "客户端正在与" + txtHostName.Text.Trim () + "连接…";
                    netStream = tcpClient.GetStream();
                    clientReader = new StreamReader(netStream);
                    clientWriter = new StreamWriter(netStream);
                    return;
                }
                catch (Exception ex)
                {
                    MessageBox.Show(ex.Message);
                }
            }
        }

        private void btnConnect_Click(object sender, EventArgs e)
        {
            thd = new Thread(new ThreadStart(GetConn));
            thd.Start();
            timer1.Enabled = true;
        }

        private void timer1_Tick(object sender, EventArgs e)
        {
            //网络流不能为空,并且有可用数据
            if (netStream != null && netStream.DataAvailable)
            {
                rtxtShow.AppendText(DateTime.Now+ "服务器说:"+clientReader.ReadLine());
            }
        }
        private void btnSend_Click(object sender, EventArgs e)
        {
            try
            {
```

```csharp
            if (rtxtSend.Text.Trim() != "")
            {
                //把要发送的信息写入缓冲区
                clientWriter.WriteLine(rtxtSend.Text.Trim());
                //先清空缓冲区,再将缓冲区的数据写入网络流
                clientWriter.Flush();
                rtxtShow.AppendText("\n"+DateTime.Now+"客户端说: "
                                    +rtxtSend.Text.Trim()+"\n");
                rtxtSend.Clear();
                //配置滚动条
                rtxtShow.SelectionStart = rtxtShow.Text.Length;
            }
            else
            {
                MessageBox.Show("发送信息不能为空!");
            }
        }
        catch (Exception ex)
        {
            MessageBox.Show(ex.Message);
        }
    }

    private void btnClose_Click(object sender, EventArgs e)
    {
        try
        {
            tcpClient.Close();//关闭TCP连接
            thd.Abort();//关闭线程
        }
        catch (Exception ex)
        {
            MessageBox.Show(ex.Message);
        }
        finally
        {
            Application.Exit();
        }
    }

    private void Form1_FormClosing(object sender, FormClosingEventArgs e)
    {
        btnClose_Click(sender, e);
    }
}
}
```

## 项目总结

本项目完成了两个版本的局域网聊天程序的开发,分别基于 UDP 和 TCP。主要学习了 C#的网络编程和线程,C#提供了网络编程常用的两个命名空间,即 System.Net 和 System.Net.Socket,可以使用这两个命名空间完成网络通信相关项目的开发。

网络不是法外之地,从网络聊天室项目开发的过程中可以看出,在网络聊天室中很多内容都是可以被监听的,因此每个公民都应该遵守网络规则,树立安全意识,不要在网上泄露机密,发表违反相关法律或规则的言论。

## 项目提升

参照 QQ 或微信的聊天界面设计一款局域网聊天程序。

# 项目八

# 用户登录界面

### 思政目标

- 进一步提升信息安全意识
- 培养探索未知、追求真理、勇攀科学高峰的责任感和使命感

### 技能目标

- 熟练掌握异常处理的结构 try...catch...finally
- 熟练掌握文本文件的读/写方法
- 熟练掌握 XML 文件的读/写方法
- 熟练掌握数据库文件的读/写方法
- 了解 SQL 注入攻击
- 了解 MD5 加密

### 项目导读

数据的持久化是把程序中用到的数据长久地保存到计算机中,常用方法是写入文件,包括文本文件、XML 文件和数据库文件。在本项目中,6 个版本的用户登录程序分别把用户信息存放到不同的位置,分别为代码、文本文件、XML 文件、数据库文件。为了提高对数据库读/写的安全性,在本项目中采用 3 种不同的方式操作数据库。

## 任务一 知识点

### 任务引入

大多数的管理软件的第一个界面是什么呢？当然是用户登录界面，而用户登录界面中的用户名和密码等信息需要存放到文件中才能长期保存。如果要访问的文件不存在或没有访问权限怎么办呢？

### 任务分析

当要访问某个文件时，如果文件不存在或没有访问权限，这种情况属于异常，在C#中有专门用于处理异常的语句结构。采用这种结构可以避免系统崩溃，在处理异常时会出现友好提示界面，进而提高用户体验。

### 知识准备

在执行应用程序时，可能遇到各种类型的错误。C#使用"异常"来处理这些错误，"异常"将有关错误的信息封装在一个类中。

在很多非面向对象语言中，报告故障的标准机制为使用返回编码。然而，在面向对象语言中，并非总可以使用返回编码，它取决于故障发生的背景。另外，返回编码很容易被忽略。如果不想忽略返回编码，那么需要对所有可能出现的故障进行妥善处理。

#### 一、理解异常操作

异常能够以清晰、简洁、安全的方式表示运行期间发生的故障，通常包含有关故障原因的详细信息，其中包括调用栈跟踪。它指出了当前代码块在正常返回时的执行路径。

异常并非要提供一种处理预期错误（用户操作或输入可能导致的错误）的方式。对于这些错误，通过核实操作或输入正确来防范错误会更好。异常并非要防范编码错误。编码错误可能导致异常，但对于这种错误，应进行修复，而不是依赖于异常。在发生异常时，如果应用程序显式地提供了此时执行的代码，那么异常将得到处理；如果没有这样的代码，那么将出现处理异常。

所有异常都是从 System.Exception 类派生而来的。当托管代码调用非托管代码或外部服务并发生错误时，在.NET 运行时，将把错误条件包装在一个从 System.Exception 类派生而来的异常中。

System.Exception 类的常用属性是 Message。Message 属性向用户详细地描述了导致异常的原因。

C#标准异常如表 8-1 所示。

表 8-1 C#标准异常

| 成 员 名 | 描 述 |
| --- | --- |
| IndexOutOfRangeException | 仅当使用错误的索引访问数组或集合时，才由运行时引发 |
| NullReferenceException | 仅当对 null 引用解除引用时，才由运行时引发 |
| InvalidOperationException | 在无效状态下由成员引发 |
| ArgumentException | 所有参数异常的基类 |
| ArgumentNullException | 由不允许参数为 null 的方法引发 |
| COMException | 封装 COM HRESULT 信息的异常 |
| SEHException | 封装 Win32 结构化异常处理信息的异常 |
| OutOfMemoryException | 在没有足够的内存程序继续执行时引发 |
| StackOverflowException | 因嵌套的方法调用过多（由于递归太深或无限递归导致的），导致在执行栈溢出时，由运行时引发 |
| ExecutionEngineException | 在通用语言运行时的执行引擎发生内部错误时，由运行时引发 |

有时为了调试程序，需要主动引发异常。要引发异常，可以使用关键字 throw。由于 Exception 是一个类，因此必须使用关键字 new 创建其实例。其语法形式为：

```
throw new System.Exception();
```

在异常引发后，程序将立即停止执行，而异常将调用栈向上传递，并寻找合适的处理程序。

## 二、处理异常

要处理异常，可以使用异常对象和保护区域（protected regions）。可以将保护区域视为特殊的代码块，设计用于能够安全处理异常。几乎任何代码行都可能导致异常，但大多数应用程序实际上不需要处理这些异常。仅当能够采取有意义的措施时，才应对异常进行处理。

在 C#中，可以使用关键字 try 声明保护区域，并将要保护的语句用大括号括起来，而相关的处理程序放在大括号的后面。

必须至少将下述处理程序之一与保护区域相关联。

- finally 处理程序：在退出保护区域时执行，即使发生异常也是如此。保护区域最多可以有一个 finally 处理程序。
- catch 处理程序：与特定异常或其子类匹配。保护区域可以有零个或多个 catch 处理程序，但特定类型的异常只能有一个 catch 处理程序。

在发生异常时，将首先确定当前指令所属的保护区域是否有异常匹配的 catch 处理程序。如果没有匹配的处理程序，那么将在调用方所处的位置查找。这个过程将不断重复，直到找到匹配的处理程序或达到调用栈顶，到达调用栈顶后，应用程序终止。如果找到匹配的处理程序，那么将返回到发生异常的位置，先执行 finally 处理程序，然后执行 catch 处理程序。

根据保护区域后提供了哪些处理程序，可将其分为 3 类，具体如下。

- try-catch 处理程序：只提供一个或多个 catch 处理程序。
- try-finally 处理程序：只提供一个 finally 处理程序。
- try-catch-finally 处理程序：提供一个或多个 catch 处理程序和一个 finally 处理程序。

在编写 catch 块代码时，既可以只指定异常类型，又可以同时指定异常类型和标识符，这种标识符被称为 catch 处理程序变量。catch 处理程序变量能够在 catch 块代码中引用异常对象，由于 catch 处理程序变量的作用域为特定的 catch 处理程序，且只会执行一个 catch 处理程序，因此同一个标识符可以用于多个 catch 处理程序。但是不能将标识符用于方法参数或其他局部变量。

处理异常应用实例：

```
static void Main(string[] args)
{
    try//尝试执行
    {
        //尝试 2、0、a 三个不同的输入
        int div = Convert.ToInt32(Console.ReadLine());
        int result = 5 / div;//结果一定是整数
        Console.WriteLine(result);
    }
    catch (Exception e)//出错处理，所有错误
    {
        Console.WriteLine(e.Message);
    }
    finally//后续处理
    {
        Console.WriteLine("finally 语句肯定会执行");
    }
}
```

## 任务二　用户登录界面项目案例

### 任务引入

用户登录界面是大多数管理系统的第一个界面，也是安全性要求比较高的界面。那么用户名和密码等信息存放在哪里更安全呢？

 任务分析

在本任务中,可以根据需求把用户名和密码等敏感信息分别存放在 4 个不同的位置,分别为代码、文本文件、XML 文件和数据库文件。根据存放位置的不同和代码设计的不同,本任务共设计了 6 个版本的登录系统,其中数据库加密版是最安全的。

项目实施

## 一、创建项目

启动 VS2013 以后,选择"文件"→"新建"→"项目"命令,打开"新建项目"对话框,在左侧选择"Visual C#"选项,并选择中间的"Windows 窗体应用程序"选项,设置"位置"为"D:\CSharp\","名称"为"WLogin"。在进入项目后,把自动生成的 Form1 重命名为 FrmLogin,改名后按回车键确认,弹出如图 8-1 所示的对话框。在这里一定要单击"是"按钮,这样会自动把后台代码中的所有 Form1 替换为 FrmLogin,否则将需要手动修改。

这里需要添加 Windows 窗体类文件,即 FrmMain.cs 和 4 个普通类文件,分别为 User.cs、FileOP.cs、XmlOP.cs、DBOP.cs。此外,还需要添加 3 个文件,分别为文本文件 user.txt、XML 文件 user.xml 和数据库文件 user.mdf,这几个文件都是通过右击项目名称"WLogin"添加的。添加完成后项目结构如图 8-2 所示。

图 8-1 "Micorsoft Visual Studio"对话框

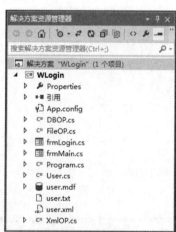

图 8-2 项目结构

## 二、界面布局

用户登录界面是常用的管理软件的第一个界面。本项目共设计了 6 个版本的登录界面,分别是代码版、文本文件版、XML 文件版、数据库字符串拼接版、数据库存储过程版、数据库加密版。本项目共包含两个 Windows 窗体,分别为登录窗体

（FrmLogin 窗体）和主窗体（FrmMain 窗体）。其中，FrmLogin 窗体的界面布局如图 8-3 所示，从"工具箱"窗口中依次将每个控件添加到 FrmLogin 窗体中。

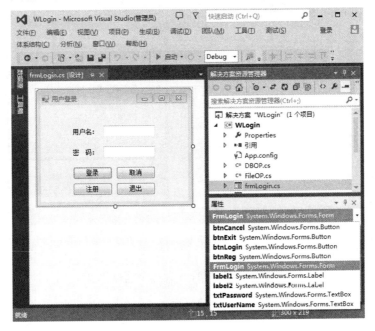

图 8-3　界面布局

FrmLogin 窗体中主要控件的属性和事件设置如表 8-2 所示。其中，txtPassword 的 PasswordChar 属性的属性值为*，用于保护密码不被泄露，输入的密码中所用的字符都显示为*。

表 8-2　FrmLogin 窗体中主要控件的属性和事件设置

| 控件类别 | Name 属性值 | 其 他 属 性 | 其他属性值 | 事　件 | 事　件　值 |
| --- | --- | --- | --- | --- | --- |
| Form | frmLogin | StartPosition | CenterScreen | FormClosed | frmLogin_FormClosed |
|  |  | Text | 用户登录 |  |  |
| Button | btnLogin | Text | 登录 | Click | btnLogin_Click |
|  | btnCancel | Text | 取消 | Click | btnCancel_Click |
|  | btnReg | Text | 注册 | Click | btnReg_Click |
|  | btnExit | Text | 退出 | Click | btnExit_Click |
| TextBox | txtUserName |  |  |  |  |
|  | txtPassword | PasswordChar | * |  |  |
| Label | label1 | Text | 用户名： |  |  |
|  | label2 | Text | 密　码： |  |  |

FrmMain 窗体的界面比较简单，仅用于登录成功后展示主界面。界面布局如图 8-4 所示，从"工具箱"窗口中依次将每个控件添加到 FrmMain 窗体中。

# C#程序设计

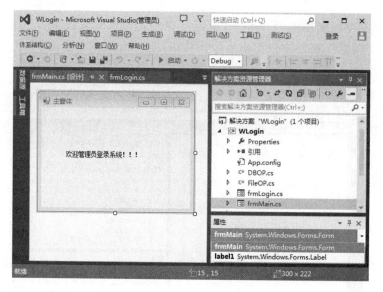

图 8-4　界面布局

FrmMain 窗体中主要控件的属性和事件设置如表 8-3 所示。

表 8-3　FrmMain 窗体中主要控件的属性和事件设置

| 控件类别 | Name 属性值 | 其他属性 | 其他属性值 | 事　件 | 事　件　值 |
| --- | --- | --- | --- | --- | --- |
| Form | frmMain | StartPosition | CenterScreen | FormClosing | FrmLogin_FormClosing |
|  |  | Text | 主窗体 |  |  |
| Label | label1 | Text | 欢迎管理员登录系统！！！ |  |  |

## 三、编写代码

### （一）代码版

（1）类文件 User.cs 的编写。类文件 User.cs 主要描述用户实体，包含 2 个字段和 2 个属性。这个类文件在 6 个版本中公用，不需要改变。

```
namespace WLogin
{
    class User
    {
        #region 定义 2 个字段
        string userName;
        string password;
        #endregion

        #region 定义 2 个属性
        public string UserName
        {
            get { return userName; }
```

```
            set { userName = value; }
        }
        public string Password
        {
            get { return password; }
            set { password = value; }
        }
        #endregion
    }
}
```

（2）类文件 frmMain.cs 的编写。类文件 frmMain.cs 主要用于用户登陆成功以后显示 FrmMain 窗体，只包含一个方法，在 6 个版本中是公用的，不需要改变。

```
namespace WLogin
{
    public partial class frmMain : Form
    {
        public frmMain()
        {
            InitializeComponent();
        }
        /// <summary>
        /// 关闭窗体时退出整个程序，系统自动回收资源。
        /// </summary>
        /// <param name="sender"></param>
        /// <param name="e"></param>
        private void frmMain_FormClosing(object sender, FormClosingEventArgs e)
        {
            Application.Exit();
        }
    }
}
```

（3）类文件 frmLogin.cs 的编写。类文件 frmLogin.cs 是项目运行后的第一个窗体，对输入的用户名和密码进行验证。类文件 frmLogin.cs 在代码版主要包含 6 个方法，分别为.net 系统自动生成的构造方法 FrmLogin()、"登录"按钮单击方法 btnLogin_Click()、"取消"按钮单击方法 btnCancel_Click()、"退出"按钮单击方法 btnExit_Click()、窗体关闭事件绑定的方法 frmLogin_FormClosed()、"注册"按钮单击方法 btnReg_Click()。其在 6 个版本中也是公用的，但是需要进行修改。

```
namespace WLogin
{
    public partial class FrmLogin : Form
    {
        public FrmLogin()
```

```csharp
{
    InitializeComponent();
}
/// <summary>
/// 登录，6个版本的登录在这里切换
/// </summary>
/// <param name="sender"></param>
/// <param name="e"></param>
private void btnLogin_Click(object sender, EventArgs e)
{
    User u = new User();
    u.UserName = txtUserName.Text;
    u.Password = txtPassword.Text;

    //代码版：用户名和密码放在代码中，不灵活
    if (u.UserName == "admin" && u.Password == "123")
    {
        frmMain m = new frmMain();//实例化主窗体
        //用模式对话框显示FrmMain窗体，登录窗体在后台且不能被用户操作
        m.ShowDialog();
    }
    else
    {
        MessageBox.Show("登陆失败");
    }
}
/// <summary>
/// 将用户名和密码文本框清空
/// </summary>
/// <param name="sender"></param>
/// <param name="e"></param>
private void btnCancel_Click(object sender, EventArgs e)
{
    txtUserName.Text = "";
    txtPassword.Text = "";
}
/// <summary>
/// 退出整个项目，系统自动回收资源
/// 退出前，再次让用户确认
/// </summary>
/// <param name="sender"></param>
/// <param name="e"></param>
private void btnExit_Click(object sender, EventArgs e)
{
    DialogResult re = MessageBox.Show("确认退出吗？", "请选择",
              MessageBoxButtons.YesNo, MessageBoxIcon.Question);
    if (re == DialogResult.Yes)
```

```csharp
            {
                Application.Exit();
            }
        }
        /// <summary>
        /// 退出整个项目,系统自动回收资源
        /// </summary>
        /// <param name="sender"></param>
        /// <param name="e"></param>
        private void frmLogin_FormClosed(object sender, FormClosedEventArgs e)
        {
            Application.Exit();
        }
        /// <summary>
        /// 用户注册,代码版用不到
        /// </summary>
        /// <param name="sender"></param>
        /// <param name="e"></param>
        private void btnReg_Click(object sender, EventArgs e)
        {

        }
    }
}
```

## (二)文本文件版

(1)类文件 FileOP.cs 的编写。类文件 FileOP.cs 主要用于操作文本文件 user.txt,包含两个方法,分别为完成用户名及密码的查找和写入。类文件 FileOP.cs 只用于文本文件版。由于要操作文本文件,所以需要先引入命名空间,即 System.IO。在类文件 FileOP.cs 中,字段 path 存放的是文本文件的路径,用来给以@开头的逐字字符串赋值,在逐字字符串中不需要进行字符转义,常用于给各种文件的路径赋值。

```csharp
using System.IO;//访问外设的命名空间

namespace WLogin
{
    class FileOP
    {
        string path = @"..\..\user.txt";
        //逐字字符串:在给以@开头的逐字为字符串赋值时,被赋值的所有字符将不需要经过转义
        /// <summary>
        /// 从文本文件中查找用户信息
        /// </summary>
        /// <param name="u">用户实体,包含要查找的用户名和密码</param>
        /// <returns>返回查找是否成功</returns>
```

```csharp
public bool select(User u)
{
    StreamReader reader = null;
    try
    {
        //注意：如果文本文件是在"解决方案资源管理器"窗口中添加的，则文本文件编
        //码为UTF8，代码用Encoding.UTF8；如果文本文件是在"Windows 资源管理器"
        //窗口中添加的，则文本文件编码为ANSI，代码用Encoding.Default
        reader = new StreamReader(path, Encoding.UTF8);
        string line;
        string[] s;
        while ((line = reader.ReadLine())!= null)
        {
            s = line.Split('\t');
            if (s[0] == u.UserName && s[1] == u.Password)
                return true;//找到匹配的用户名和密码
        }
    }
    catch (Exception ex)
    {
        return false;//异常，没有找到匹配的用户名和密码
        throw ex;
    }
    finally
    {
        reader.Close();//关闭流
    }
    return false;  //异常，没有找到匹配的用户名和密码
}
/// <summary>
/// 把用户信息写入文本文件
/// </summary>
/// <param name="u">用户实体，包含要写入的用户名和密码</param>
/// <returns>返回写入是否成功</returns>
public bool insert(User u)
{
    StreamWriter writer = null;
    try
    {
        writer = new StreamWriter(path, true, Encoding.UTF8);
        writer.WriteLine(u.UserName + "\t" + u.Password);
        //用户名和密码写入同一行，中间用一个制表位隔开
        return true;//写入成功
    }
    catch (Exception ex)
    {
        return false;//异常，写入失败
```

```
            throw ex;
        }
        finally
        {
            writer.Close();//关闭流
        }
    }
}
```

（2）修改类文件 frmLogin.cs。用户名和密码存放在 user.txt 中，主要修改两个方法，分别为"登录"按钮单击方法 btnLogin_Click()和"注册"按钮单击方法 btnReg_Click()。单击"注册"按钮会把用户输入的用户名和密码写入文本文件（user.txt），单击"登录"按钮会验证用户输入的用户名和密码在文件中是否存在。若存在则登录成功，若不存在则登录失败。

```
/// <summary>
/// 登录，6个版本的登录在这里切换
/// </summary>
/// <param name="sender"></param>
/// <param name="e"></param>
private void btnLogin_Click(object sender, EventArgs e)
{
    User u = new User();
    u.UserName = txtUserName.Text;
    u.Password = txtPassword.Text;

    //if (u.UserName == "admin" && u.Password == "123")
    //在代码版中，用户名和密码放在代码中不灵活

    FileOP fo = new FileOP();//文本文件版，实例化
    if (fo.select(u))//文本文件版
    {
        frmMain m = new frmMain();//实例化 FrmMain 窗体
        //用模式对话框显示 FrmMain 窗体，登录窗体在后台且不能被用户操作
        m.ShowDialog();
    }
    else
    {
        MessageBox.Show("登陆失败");
    }
}
/// <summary>
/// 用户注册，代码版用不到
/// </summary>
/// <param name="sender"></param>
/// <param name="e"></param>
```

```csharp
private void btnReg_Click(object sender, EventArgs e)
{
    User u = new User();
    u.UserName = txtUserName.Text;
    u.Password = txtPassword.Text;

    FileOP fo = new FileOP();//文本文件版,实例化
    if(fo.insert(u))//文本文件版
    {
        MessageBox.Show("注册成功");
    }
    else
    {
        MessageBox.Show("注册失败");
    }
}
```

## (三) XML 文件版

(1) 创建 user.xml 文件以后,需要添加根节点<users></users>。添加后代码如下:

```xml
<?xml version="1.0" encoding="utf-8"?>
<users>
</users>
```

(2) 类文件 XmlOP.cs 的编写。类文件 XmlOP.cs 主要用于操作 XML 文件 user.xml,包含两个方法,分别为完成用户名及密码的查找和写入。类文件 XmlOP.cs 只用于 XML 文件版。由于要操作 XML 文件,所以需要引入命名空间 System.Xml.Linq。

```csharp
using System.Xml.Linq;//引入访问XML文件的命名空间

namespace WLogin
{
    class XmlOP
    {
        string path = @"../../user.xml";
        /// <summary>
        /// 从XML文件中查找用户信息
        /// </summary>
        /// <param name="u">用户实体,包含要查找的用户名和密码</param>
        /// <returns>返回查找是否成功</returns>
        public bool select(User u)
        {
            try
            {
                XElement xml = XElement.Load(path);//加载XML文件
                foreach (var v in xml.Elements())
                {
```

```
                if (v.Element("userName").Value == u.UserName &&
                    v.Element("password").Value == u.Password)
                    return true;//找到匹配的用户名和密码
            }
        }
        catch (Exception ex)
        {
            return false;//异常,没有找到匹配的用户名和密码
            throw ex;
        }
        return false;//异常,没有找到匹配的用户名和密码
    }
    /// <summary>
    /// 把用户信息写入 XML 文件
    /// </summary>
    /// <param name="u">用户实体,包含要写入的用户名和密码</param>
    /// <returns>返回写入是否成功</returns>
    public bool insert(User u)
    {
        try
        {
            XElement xml = XElement.Load(path);
            xml.Add(new XElement("user",
            new XElement("userName", u.UserName),
            new XElement("password", u.Password)));
            xml.Save(path);//增加新节点
            return true;//写入成功
        }
        catch (Exception ex)
        {
            return false;//异常,写入失败
            throw ex;
        }
    }
}
```

（3）修改类文件 frmLogin.cs。用户名和密码存放在 XML 文件 user.xml 中，主要修改两个方法，包括"登录"按钮单击方法 btnLogin_Click()和"注册"按钮单击方法 btnReg_Click()。单击"注册"按钮会把输入的用户名和密码写入 XML 文件 user.xml，单击"登录"按钮会验证输入的用户名和密码在文件中是否存在。若存在则登录成功，若不存在则登录失败。

```
/// <summary>
/// 登录,6 个版本的登录在这里切换
/// </summary>
/// <param name="sender"></param>
/// <param name="e"></param>
```

```csharp
private void btnLogin_Click(object sender, EventArgs e)
{
    User u = new User();
    u.UserName = txtUserName.Text;
    u.Password = txtPassword.Text;

       //在代码版中,用户名和密码放在代码中,不灵活
    //if (u.UserName == "admin" && u.Password == "123")

    //FileOP fo = new FileOP();//文本文件版
    //if (fo.select(u))//文本文件版

    XmlOP xml=new XmlOP();//XML 文件版,实例化
    if (xml.select(u))//XML 文件版
    {
        frmMain m = new frmMain();//实例化 FrmMain 窗体
        //用模式对话框显示 FrmMain 窗体,登录窗体在后台且不能被用户操作
        m.ShowDialog();
    }
    else
    {
        MessageBox.Show("登陆失败");
    }
}
/// <summary>
/// 用户注册,代码版用不到
/// </summary>
/// <param name="sender"></param>
/// <param name="e"></param>
private void btnReg_Click(object sender, EventArgs e)
{
    User u = new User();
    u.UserName = txtUserName.Text;
    u.Password = txtPassword.Text;

    //FileOP fo = new FileOP();//文本文件版,实例化
    //if(fo.insert(u))//文本文件版

    XmlOP xml = new XmlOP();//XML 文件版,实例化
    if (xml.insert(u))//XML 文件版
    {
        MessageBox.Show("注册成功");
    }
    else
    {
        MessageBox.Show("注册失败");
    }
}
```

## （四）数据库字符串拼接版

（1）创建数据库文件 user.mdf 以后，在"解决方案资源管理器"窗口中双击该文件，VS2013 会自动添加数据连接，接下来可以在"服务器资源管理器"窗口中看到已经连接好的数据库文件 user.mdf，对数据库文件 user.mdf 的操作都在"服务器资源管理器"窗口中进行。在数据库中添加数据表 user，表中包含 2 个字段。其中，userName 字段用于存放用户名称，设置主键，数据类型为 nvarchar，长度为 50；password 字段用于存放密码，数据类型为 nvarchar，长度为 50。数据库文件 user.mdf 的结构如图 8-5 所示。

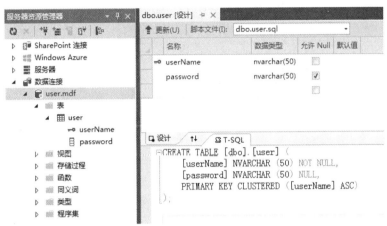

图 8-5　数据库文件 user.mdf 的结构

（2）类文件 DBOP.cs 的编写。类文件 DBOP.cs 主要用于操作数据库文件 user.mdf，包含两个方法，分别为完成用户名及密码的查找和写入。类文件 DBOP.cs 可以用于数据库字符串拼接版、数据库存储过程版、数据库加密版 3 个版本。由于要操作 SQL Server 数据库，所以需要先引入命名空间 System.Data.SqlClient。在连接数据库时，需要用到连接字符串。连接字符串的获取方法为：打开"服务器资源管理器"窗口，选择"数据连接"文件夹，右击"user.mdf"文件，选择"属性"选项，在"user.mdf 连接"属性窗口中找到"连接字符串"字段，复制其值并将其值粘贴到代码中给字段 connStr 赋值。

```csharp
using System.Data.SqlClient;//引入访问SQL Server数据库的命名空间

namespace WLogin
{
    class DBOP
    {
        string connStr = @"Data Source=(LocalDB)\v11.0;AttachDbFilename=
                  D:\CSharp\WLogin\WLogin\user.mdf;Integrated Security=True";
        //连接字符串，可以复制数据库文件user.mdf连接的"连接字符串"属性
        /// <summary>
        /// 从数据库中查找用户信息
```

```csharp
/// </summary>
/// <param name="u">用户实体，包含要查找的用户名和密码</param>
/// <returns>返回查找是否成功</returns>
public bool select(User u)
{
    //用连接字符串实例化数据库连接
    SqlConnection conn = new SqlConnection(connStr);
    try
    {
        conn.Open();//打开连接，如果连接字符串错误，会引发异常
        //用字符串拼接生成的 SQL 语句实例化 sqlCommand
        SqlCommand comm = new SqlCommand("select * from [user]
        where userName='"+u.UserName+"' and password='"+u.Password+
"'", conn);
        //用 sqlCommand 实例化读操作
        SqlDataReader reader = comm.ExecuteReader();
        return reader.HasRows;//返回是否包含所要查找的行
    }
    catch (Exception ex)
    {
        return false;//异常，没有找到匹配的用户名和密码
        throw ex;
    }
    finally
    {
        conn.Close();//关闭数据库连接
    }
}
/// <summary>
/// 把用户信息写入数据库文件
/// </summary>
/// <param name="u">用户实体，包含要写入的用户名和密码</param>
/// <returns>返回受影响的行数，0：操作失败；>0：操作成功</returns>
public int insert(User u)
{
    SqlConnection conn = new SqlConnection(connStr);
    try
    {
        conn.Open();
        //用 sqlCommand 执行增、删、改操作，返回受影响的行数
        SqlCommand comm = new SqlCommand("insert into [user]
                    values('"+u.UserName+"','"+u.
Password+"')", conn);
        return comm.ExecuteNonQuery();
    }
    catch (Exception ex)
    {
```

```
            return 0;//异常，没有找到匹配的用户名和密码
            throw ex;
        }
        finally
        {
            conn.Close();//关闭数据库连接
        }
    }
}
```

（3）修改类文件 frmLogin.cs。用户名和密码存放在数据库文件 user.mdf 中，主要修改两个方法，分别为"登录"按钮单击方法 btnLogin_Click()和"注册"按钮单击方法 btnReg_Click()。单击"注册"按钮会把输入的用户名和密码写入数据库文件 user.mdf，单击"登录"按钮会验证输入的用户名和密码在文件中是否存在。若存在则登录成功，若不存在则登录失败。

```
/// <summary>
/// 登录，6个版本的登录在这里切换
/// </summary>
/// <param name="sender"></param>
/// <param name="e"></param>
private void btnLogin_Click(object sender, EventArgs e)
{
    User u = new User();
    u.UserName = txtUserName.Text;
    u.Password = txtPassword.Text;

    //if (u.UserName == "admin" && u.Password == "123")
       //在代码版中，用户名和密码放在代码中，不灵活

    //FileOP fo = new FileOP();//文本文件版
    //if (fo.select(u))//文本文件版

    //XmlOP xml=new XmlOP();//XML 文件版，实例化
    //if (xml.select(u))//XML 文件版

    DBOP db=new DBOP();//数据库字符串拼接版，实例化
    if (db.select(u))//数据库字符串拼接版
    {
        frmMain m = new frmMain();//实例化 FrmMain 窗体
        //用模式对话框显示 FrmMain 窗体，登录窗体在后台且不能被用户操作
        m.ShowDialog();
    }
    else
    {
        MessageBox.Show("登陆失败");
```

```csharp
    }
}
/// <summary>
/// 用户注册，代码版用不到
/// </summary>
/// <param name="sender"></param>
/// <param name="e"></param>
private void btnReg_Click(object sender, EventArgs e)
{
    User u = new User();
    u.UserName = txtUserName.Text;
    u.Password = txtPassword.Text;

    //FileOP fo = new FileOP();//文本文件版，实例化
    //if(fo.insert(u))//文本文件版

    //XmlOP xml = new XmlOP();//XML 文件版，实例化
    //if (xml.insert(u))//XML 文件版

    DBOP db = new DBOP();//数据库字符串拼接版，实例化
    if (db.insert(u) > 0)//数据库字符串拼接版
    {
        MessageBox.Show("注册成功");
    }
    else
    {
        MessageBox.Show("注册失败");
    }
}
```

### （五）数据库存储过程版

（1）采用字符串拼接生成 SQL 语句是不安全的，SQL 语句直接暴露到代码中容易遭受 SQL 注入攻击，可以使用存储过程对其进行改进。采用存储过程操作数据库具有安全、执行效率高等优点。存储过程需要在数据库文件 user.mdf 中创建。其操作方法为：打开"服务器资源管理器"窗口，选择"数据连接"文件夹，选择"user.mdf"文件，右击"存储过程"文件夹，添加新存储过程。在生成的 dbo.procedure.sql 文件中修改并录入创建存储过程的代码，单击 更新(U) 按钮保存，完成"登录"存储过程 pro_Login 的创建。使用同样的方法完成"注册"存储过程 pro_Register 的创建。

① 创建"登录"存储过程 pro_Login 的代码 dbo.pro_Login.sql：

```sql
CREATE PROCEDURE pro_Login
    @userName nvarchar(50),
    @password nvarchar(50)
AS
    SELECT * from [user] where userName=@userName and password=@password
RETURN 0
```

② 创建"注册"存储过程 pro_Register 的代码 dbo.pro_Register.sql:

```sql
CREATE PROCEDURE pro_Register
    @userName nvarchar(50),
    @password nvarchar(50)
AS
    insert into [user] values(@userName,@password)
RETURN 0
```

两个存储过程创建完成以后的效果如图 8-6 所示。

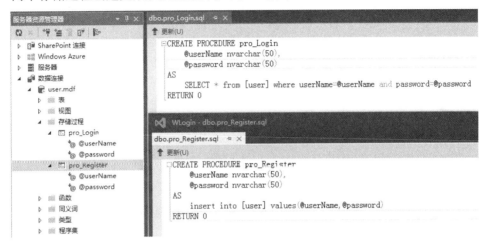

图 8-6　两个存储过程创建完成以后的效果

（2）修改类文件 DBOP.cs。在字符串拼接版的基础上添加两个方法，分别为 selectPro() 方法和 insertPro() 方法，分别用存储过程完成用户名和密码的查找和写入。由于要修改 CommandType，所以需要先引入命名空间 System.Data。

```csharp
using System.Data;//引入使用CommandType、DataSet的命名空间

/// <summary>
/// 从数据库中查找用户信息，SQL 语句在存储过程 pro_Login 中
/// </summary>
/// <param name="u">用户实体，包含要查找的用户名和密码</param>
/// <returns>返回查找是否成功</returns>
public bool selectPro(User u)
{
    SqlConnection conn = new SqlConnection(connStr);
    try
    {
        conn.Open();
        //用存储过程 pro_Login 实例化 sqlCommand
        SqlCommand comm = new SqlCommand("pro_Login", conn);
        //CommandType 默认为 SQL 语句，这里修改成存储过程
        comm.CommandType = CommandType.StoredProcedure;
        //为存储过程添加两个参数并赋值
```

```csharp
            comm.Parameters.Add("@userName", SqlDbType.NVarChar, 50).Value = u.UserName;
            comm.Parameters.Add("@password", SqlDbType.NVarChar, 50).Value = u.Password;
            SqlDataReader reader = comm.ExecuteReader();
            return reader.HasRows;
        }
        catch (Exception ex)
        {
            return false;
            throw ex;
        }
        finally
        {
            conn.Close();
        }
    }
    /// <summary>
    /// 把用户信息写入数据库文件,SQL 语句放在存储过程 pro_Register 中
    /// </summary>
    /// <param name="u">用户实体,包含要写入的用户名和密码</param>
    /// <returns>返回受影响的行数,0:操作失败;>0:操作成功</returns>
    public int insertPro(User u)
    {
        SqlConnection conn = new SqlConnection(connStr);
        try
        {
            conn.Open();
            SqlCommand comm = new SqlCommand("pro_Register", conn);
            comm.CommandType = CommandType.StoredProcedure;
            comm.Parameters.Add("@userName", SqlDbType.NVarChar, 50).Value = u.UserName;
            comm.Parameters.Add("@password", SqlDbType.NVarChar, 50).Value = u.Password;
            return comm.ExecuteNonQuery();
        }
        catch (Exception ex)
        {
            return 0;
            throw ex;
        }
        finally
        {
            conn.Close();
        }
    }
```

（3）修改类文件 frmLogin.cs。使用存储过程完成登录和注册，用户名和密码依然存放在数据库文件 user.mdf 中，主要修改两个方法，分别为"登录"按钮单击方法 btnLogin_Click()和"注册"按钮单击方法 btnReg_Click()。单击"注册"按钮会把用户输入的用户名和密码写入数据库文件 user.mdf，单击"登录"按钮会验证用户输入的用户名和密码在文件中是否存在。若存在则登录成功，若不存在则登录失败。

```
/// <summary>
/// 登录, 6 个版本的登录在这里切换
/// </summary>
/// <param name="sender"></param>
/// <param name="e"></param>
private void btnLogin_Click(object sender, EventArgs e)
{
    User u = new User();
    u.UserName = txtUserName.Text;
    u.Password = txtPassword.Text;

    //在代码版中，用户名和密码放在代码中，不灵活
    //if (u.UserName == "admin" && u.Password == "123")

    //FileOP fo = new FileOP();//文本文件版
    //if (fo.select(u))//文本文件版

    //XmlOP xml=new XmlOP();//XML 文件版，实例化
    //if (xml.select(u))//XML 文件版

    //DBOP db=new DBOP();//数据库字符串拼接版，实例化
    //if (db.select(u))//数据库字符串拼接版

    DBOP db=new DBOP();//数据库存储过程版，实例化
    if (db.selectPro(u))//数据库存储过程版
    {
        frmMain m = new frmMain();//实例化 FrmMain 窗体
        //用模式对话框显示 FrmMain 窗体，登录窗体在后台且不能被用户操作
        m.ShowDialog();
    }
    else
    {
        MessageBox.Show("登陆失败");
    }
}
/// <summary>
/// 用户注册，代码版用不到
/// </summary>
/// <param name="sender"></param>
/// <param name="e"></param>
```

```csharp
private void btnReg_Click(object sender, EventArgs e)
{
    User u = new User();
    u.UserName = txtUserName.Text;
    u.Password = txtPassword.Text;

    //FileOP fo = new FileOP();//文本文件版，实例化
    //if(fo.insert(u))//文本文件版

    //XmlOP xml = new XmlOP();//XML 文件版，实例化
    //if (xml.insert(u))//XML 文件版

    //DBOP db = new DBOP();//数据库字符串拼接版，实例化
    //if (db.insert(u) > 0)//数据库字符串拼接版

    DBOP db = new DBOP();//数据库存储过程版，实例化
    if (db.insertPro(u) > 0)//数据库存储过程版
    {
        MessageBox.Show("注册成功");
    }
    else
    {
        MessageBox.Show("注册失败");
    }
}
```

### （六）数据库加密版

在以上两个数据库版本中，用户密码都是以明文形式存放在数据库中的，一旦数据库被暴露，将会造成密码泄露，为了进一步提升安全性，可以先对用户密码加密再将其存放到数据库中。在写入数据库前应先对密码字段进行加密处理，在登录验证时应先对密码明文进行加密再和数据库中的密文进行比对。

在数据库加密版中，只需要修改类文件 frmLogin.cs，添加加密方法 toMD5()，用户名和密码的密文依然存放在数据库文件 user.mdf 中，在"登录"按钮单击方法 btnLogin_Click() 中先调用密码加密方法加密再验证，在"注册"按钮单击方法 btnReg_Click()中也是先把密码加密再将其写入数据库。在使用加密时，需要先引入命名空间 System.Security.Cryptography。

```csharp
using System.Security.Cryptography;//引入加密的命名空间

/// <summary>
/// MD5 加密
/// </summary>
/// <param name="str">明文</param>
/// <returns>密文</returns>
string toMD5(string str)
{
```

```csharp
        byte[] mingWen = Encoding.UTF8.GetBytes(str);//把明文存入字节数组
        MD5 md5 = new MD5CryptoServiceProvider();//实例化MD5加密服务提供者
        byte[] miWen = md5.ComputeHash(mingWen);//计算哈希，完成加密
        //将密文格式化为字符串
        return BitConverter.ToString(miWen).Replace("-", "");
}
/// <summary>
/// 登录，6个版本的登录在这里切换
/// </summary>
/// <param name="sender"></param>
/// <param name="e"></param>
private void btnLogin_Click(object sender, EventArgs e)
{
    User u = new User();
    u.UserName = txtUserName.Text;
    u.Password = txtPassword.Text;

    //在代码版中，用户名和密码放在代码中，不灵活
    //if (u.UserName == "admin" && u.Password == "123")

    //FileOP fo = new FileOP();//文本文件版
    //if (fo.select(u))//文本文件版

    //XmlOP xml=new XmlOP();//XML文件版，实例化
    //if (xml.select(u))//XML文件版

    //DBOP db=new DBOP();//数据库字符串拼接版，实例化
    //if (db.select(u))//数据库字符串拼接版

    u.Password=toMD5(u.Password);//数据库加密版，只需在验证前先把密码加密
    DBOP db=new DBOP();//数据库存储过程版，实例化
    if (db.selectPro(u))//数据库存储过程版
    {
        frmMain m = new frmMain();//实例化FrmMain窗体
        //用模式对话框显示FrmMain窗体，登录窗体在后台且不能被用户操作
        m.ShowDialog();
    }
    else
    {
        MessageBox.Show("登陆失败");
    }
}
/// <summary>
/// 用户注册，代码版用不到
/// </summary>
```

```csharp
/// <param name="sender"></param>
/// <param name="e"></param>
private void btnReg_Click(object sender, EventArgs e)
{
    User u = new User();
    u.UserName = txtUserName.Text;
    u.Password = txtPassword.Text;

    //FileOP fo = new FileOP();//文本文件版，实例化
    //if(fo.insert(u))//文本文件版

    //XmlOP xml = new XmlOP();//XML 文件版，实例化
    //if (xml.insert(u))//XML 文件版

    //DBOP db = new DBOP();//数据库字符串拼接版，实例化
    //if (db.insert(u) > 0)//数据库字符串拼接版

    u.Password = toMD5(u.Password);//数据库加密版，只需在写入数据库前先把密码加密
    DBOP db = new DBOP();//数据库存储过程版，实例化
    if (db.insertPro(u) > 0)//数据库存储过程版
    {
        MessageBox.Show("注册成功");
    }
    else
    {
        MessageBox.Show("注册失败");
    }
}
```

🔍 **注意**

在运行数据库加密版之前，最好先把数据表中已有的用户信息删除，因为虽然用户名和密码相同，但是之前的密码存入的是明文，现在存入的是密文，所以验证肯定会失败，并且当写入用户名相同的数据行时，会违反主键约束。

用数据库加密版写入数据表的密码是加密的，在写入数据行"用户名：admin 密码：123"和"用户名：guest 密码：456"以后，密码加密后的效果如图 8-7 所示。

| userName | password |
|---|---|
| admin | 202CB962AC59075B964B07152D234B70 |
| guest | 250CF8B51C773F3F8DC8B4BE867A9A02 |
| NULL | NULL |

图 8-7 密码加密后的效果

## 项目总结

本项目共设计了 6 个版本的用户登录程序，分别是代码版、文本文件版、XML 文件版、数据库字符串拼接版、数据库存储过程版、数据库加密版。这 6 个版本的用户登录程序的实用性、安全性、复杂性是递进的，知识点基本涵盖了 C#访问外部文件的所有应用，在实际项目应用中可以根据需求选择合适的版本。

通过用户登录界面项目案例可以看出，网上的任何信息都可以留下痕迹，这就告诫我们一定要有信息安全意识，保护好自己和相关当事方的信息安全。

## 项目提升

客户问卷调查程序界面如图 8-8 所示。可以设计 3 个版本，分别为文本文件版、XML 文件版和数据库版。

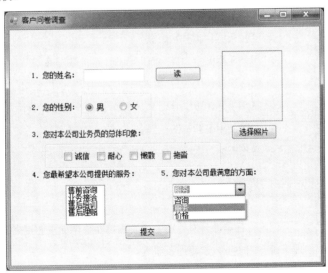

图 8-8　客户问卷调查程序界面

# 项目九

# 企业人事管理系统

### 思政目标

- 培养精益求精的大国工匠精神
- 激发科技报国的家国情怀和使命担当

### 技能目标

- 学会三层架构开发模式
- 学会使用配置文件 App.config 连接数据库
- 熟练掌握使用 MDI 窗体管理项目中的多个窗体的方法
- 熟练掌握在 VS2013 的一个解决方案中多个项目之间的引用方法
- 能够使用重载解决问题
- 熟练掌握数据库控件 DataGridView 的使用

### 项目导读

目前,在软件开发行业中迫切需要能够帮助企业提高工作效率的各类管理系统,如企业人事管理系统等。

## 任务一　知识点

### 任务引入

虽然对小程序来说，不用考虑代码的设计规范，但是对大软件来说，必须遵循程序代码的设计规范。这样可以提高开发效率，便于软件后期维护和升级。那么目前比较流行的软件设计架构是什么呢？

### 任务分析

三层架构，是目前非常流行的代码分层设计模式。使用三层架构主要是使项目结构更清楚，分工更明确，有利于后期的维护和升级。使用它未必会提升性能，因为当子程序模块未执行结束时，主程序模块只能处于等待状态。这说明将应用程序划分层次，会为其执行速度带来一些损失，但从团队开发效率角度上看，这样可以提升效率。

### 知识准备

## 一、三层架构

目前，比较常用的代码分层设计模式为三层架构设计（3-Tier Architecture）模式。三层架构设计模式能够很好地体现出软件设计"高内聚，低耦合"的设计思想。三层架构通常将整个业务应用划分为表示层（UI）、业务逻辑层（BLL）、数据访问层（DAL）。

其中，UI 是展现给用户的界面；BLL 是针对具体问题的操作，是对数据访问层的操作，对数据业务逻辑进行处理；DAL 直接操作数据库，针对数据进行插入、修改、删除和查找等工作。

传统的三层架构如图 9-1 所示。传统的三层架构将项目代码划分了三层，每一层有其职责边界。但在大多数的场景中，常看到的是图 9-2 中改进的三层架构，将数据结构模型进一步抽离出来，并进行了统一维护。

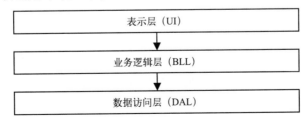

图 9-1　传统的三层架构

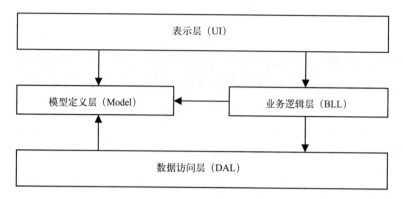

图 9-2 改进的三层架构

## 二、各层的主要功能

### （一）UI

UI 位于三层架构的最上层，与用户直接接触。UI 的主要功能是实现系统数据的传入与输出，在这个过程中不需要借助逻辑判断操作就可以将数据传送到 BLL 中进行数据处理，处理后会将处理结果反馈到 UI 中。换句话说，UI 可以实现用户界面的功能，将用户的需求传达和反馈，并用 BLL 或 Model 进行调试，保证用户体验。

### （二）BLL

BLL 的功能是对具体问题进行逻辑判断与执行操作，在接收到 UI 的用户指令后，会连接 DAL，BLL 在三层架构中位于 UI 与 DAL 的中间位置，同时也是 UI 与 DAL 的桥梁，可以实现三层架构之间的数据连接和指令传达，可以对接收的数据进行逻辑处理，并将处理结果反馈到 UI 中，实现软件的功能。

### （三）DAL

DAL 是数据库的主要操控系统，可以实现数据的增、删、改、查等操作，并将操作结果反馈到 BLL。在实际运行过程中，DAL 没有逻辑判断能力，为了实现代码编写的严谨性，提高代码的阅读速度，一般会在 DAL 层中实现通用数据能力进行封装来保证 DAL 数据处理的功能。

### （四）Model

Model 常用 Entity 实体对象来表示，主要用于数据库表的映射对象。在信息系统软件实际开发过程中，要建立对象实例，将关系数据库表采用对象实体化的方式表现出来，辅助软件开发中对各个系统功能的控制与操作的执行，建立实体类库，进而实现各个结构层的参数传输，提高代码的阅读速度。从本质上看，实体类库主要服务于 UI、BLL 和 DAL，在三层架构之间进行数据参数传输，强化数据表示的简约性。

采用三层架构，主要能使项目结构更清楚，分工更明确，有利于后期的维护和升级。三层架构主要有以下几个优点。

① 开发人员可以只关注整个结构中的某一层。

② 可以很容易地用新的实现来替换原有层次的实现。

③ 可以降低层与层之间的依赖。

④ 有利于标准化。

⑤ 有利于各层逻辑的复用。

⑥ 结构更加明确。

⑦ 在后期维护时，极大地降低了维护成本和维护时间。

同时，三层架构也有如下不足。

① 降低了系统的性能。如果不采用分层式结构，那么很多业务可以直接访问数据库，以获取相应的数据，但必须通过中间层来完成。

② 有时会导致级联的修改。这种修改尤其体现在自上而下的方向上。如果在 UI 中需要增加一个功能，为保证其设计符合分层式结构，那么可能需要在相应的 BLL 和 DAL 中都增加相应的代码。

③ 增加了代码量和工作量。

## 任务二　企业人事管理系统项目案例

### 任务引入

随着信息技术的不断发展，企业中需要管理的数据信息量越来越多，随之而来的管理成本也不断提高。如果使用传统的人工方式进行人事管理，那么会出现效率低、保密性差等问题。另外，时间长了会产生大量的文件和数据，这给查找、更新和维护都将带来很多困难。

### 任务分析

本任务设计并实现企业人事管理系统。这个系统将提高企业人事管理的工作效率，同时也是企业科学化、正规化管理的重要条件。整个系统采用三层架构模式开发，便于后期维护和升级。

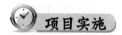 项目实施

## 一、系统功能的描述

本项目基于三层架构开发一套企业人事管理系统,该系统主要包括 6 个功能模块,分别为员工管理(包括添加员工和管理员工)、工资管理(包括添加工资和管理工资)、考核管理(包括添加考核和管理考核)、信息查询(包括员工查询和考核查询)、部门维护(包括添加部门和管理部门)、用户维护(包括添加用户和管理用户)。系统功能的结构如图 9-3 所示。

从数据库设计角度来看,本系统共包含 5 个实体,每个实体需要设计一张数据表,分别对应除"信息查询"功能模块以外的 5 个功能模块。本项目采用 VS2013 自带的 SQL Server 数据库,创建数据库文件 HR.mdf。在数据库文件 HR.mdf 中包含 5 个数据表,分别是用户表(userInfo)、部门信息表(department)、员工信息表(employee)、工资信息表(salary)、考核信息表(checkInfo)。

因篇幅受限,本项目只给出全部"用户维护"功能模块和部分"信息查询"功能模块的详细设计,其他 4 个模块的详细设计请参照"用户维护"功能模块自行完成。

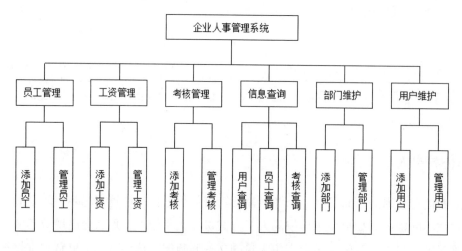

图 9-3 系统功能的结构

## 二、搭建三层架构

启动 VS2013 以后,选择"文件"→"新建"→"项目"命令,打开"新建项目"对话框,在左侧选择"Visual C#"选项,并选择中间的"Windows 窗体应用程序"选项,设置"位置"为"D:\CSharp\","名称"为"WThreeLayer"。在进入项目后,把自动生成的 Form1 重命名为 Login,改名后按回车键确认,弹出如图 9-4 所示的对话框。在这里一定要单击"是"按钮,这样会自动把后台代码中的所有 Form1 替换为 Login,否则将需要手动修改。

另外，还需要添加 4 个 Windows 窗体，分别为 MainForm、UserAdd、UserManage 和 UserSearch，将项目名称由 WThreeLayer 改为 UI，并将项目设置为启动项目，作为三层架构的 UI。右击"解决方案'WThreeLayer'"依次添加 3 个类库项目，即 BLL、DAL、Model，在 3 个类库项目中各添加一个类文件 UserInfo.cs，在 DAL 中添加类文件 DBHelper.cs 和数据库文件 HR.mdf，专门用于访问数据库。添加完成后项目结构如图 9-5 所示。

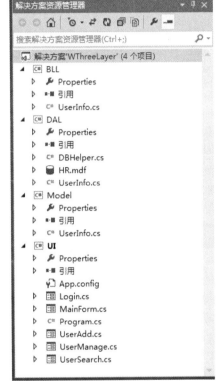

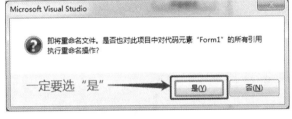

图 9-4 "Microsoft Visual Studio"对话框　　图 9-5 添加完成后项目结构

至此，三层架构搭建完成。其中，默认启动项目 UI 是三层架构的最上层，为用户能够直接操作的前台界面，放置所有模块的 Windows 窗体，当然这里只放了登录界面 Login、主界面 MainForm 和"用户维护"模块相关的界面；类库项目 BLL 是三层架构的中间层，是 UI 和 DAL 的桥梁，可以实现业务逻辑；类库项目 DAL 是三层架构的最底层，用于访问数据库，包含数据库 HR.mdf 和数据库操作类文件 DBHelper.cs。另外，为了方便描述，在三层架构之外还创建了类库项目 Model，用于存放系统中的 5 个实体，每个实体对应一个类。在 Model、DAL、BLL 中暂时分别放了一个和"用户维护"模块相关的类文件 UserInfo.cs，在后期开发剩余 4 个模块时，可以自行添加另外 4 个类文件。

下面需要添加各层之间的相互依赖。

（1）重新生成整个解决方案。其操作方法为：打开"解决方案资源管理器"窗口，右击解决方案"WThreeLayer",重新生成解决方案。在开发过程中每次调试之前最好都执行一次本操作,把代码更新并及时反馈到引用它的其他项目中。

(2)为项目 DAL 添加引用。其操作方法为:打开"解决方案资源管理器"窗口,选择项目"DAL",右击"引用",添加引用,打开"引用管理器-DAL"对话框,选择左侧的"解决方案"→"项目"选项,勾选"Model"复选框,完成 DAL 对 Model 的引用,如图 9-6 所示。

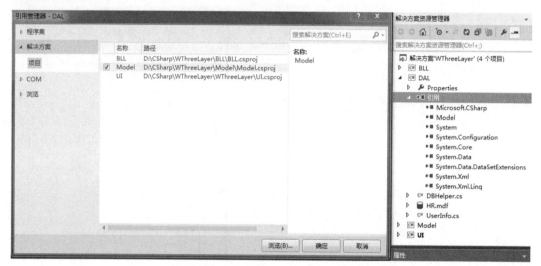

图 9-6　为项目 DAL 添加引用

(3)为项目 BLL 添加引用。操作方法同上,完成 BLL 对 DAL 和 Model 的引用,如图 9-7 所示。

图 9-7　为项目 BLL 添加引用

(4)为项目 UI 添加引用。操作方法同上,完成 UI 对 BLL 和 Model 的引用,如图 9-8 所示。

项目九　企业人事管理系统

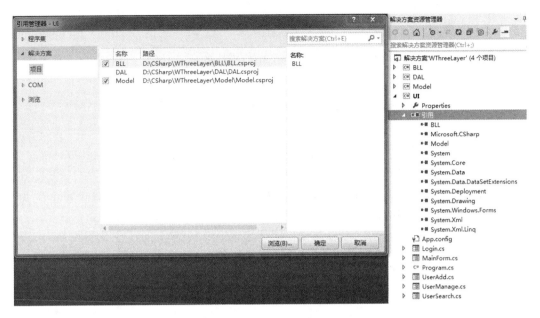

图 9-8　为项目 UI 添加引用

## 三、UI 界面布局

### （一）登录界面

用户登录界面是企业人事管理系统的第一个界面。用户登录界面如图 9-9 所示。

Login.cs 窗体中主要控件的属性和事件设置如表 9-1 所示。其中，AcceptButton 属性设置为 btnLogin，用于设置窗体的回车默认按钮，即按回车键等价于响应"登录"按钮的单击事件。txtPassword 的 PasswordChar 属性设置为 *，用于保护密码不被泄露，输入的密码中的所用字符都显示为*。

图 9-9　用户登录界面

表 9-1　Login.cs 窗体中主要控件的属性和事件设置

| 控件类别 | Name 属性值 | 其 他 属 性 | 其他属性值 | 事　件 | 事 件 值 |
|---|---|---|---|---|---|
| Form | Login | StartPosition | CenterScreen | | |
| | | Text | 用户登录 | | |
| | | AcceptButton | btnLogin | | |
| Button | btnLogin | Text | 登录 | Click | btnLogin_Click |
| TextBox | txtUserName | | | | |
| | txtPassword | PasswordChar | * | | |
| Label | label1 | Text | 用户名： | | |
| | label2 | Text | 密　码： | | |

## （二）主界面

企业人事管理系统的主界面汇集了 6 个功能模块的所有功能。企业人事管理系统的主界面如图 9-10 所示。

图 9-10　企业人事管理系统的主界面

MainForm.cs 窗体中主要控件的属性和事件设置如表 9-2 所示。其中，MainForm 的 IsMdiContainer 属性设置为 True，表示把窗体设置为多文档窗体容器，MainForm 是 MDI 窗体容器。除 Login.cs 窗体外的其他窗体都放在这个窗体容器中，即为 MainForm 的 MDI 子窗体，使用菜单项在多个子窗体之间切换。

表 9-2　MainForm.cs 窗体中主要控件的属性和事件设置

| 控件类别 | Name 属性值 | 其他属性 | 其他属性值 | 事件 | 事件值 |
| --- | --- | --- | --- | --- | --- |
| Form | MainForm | Text | 企业人事管理系统 | Load | MainForm_Load |
| | | IsMdiContainer | True | FormClosed | MainForm_FormClosed |
| | | MainMenuStrip | menuStrip1 | | |
| | | WindowState | Maximized | | |
| MenuStrip | menuStrip1 | | | | |

使用 MenuStrip 控件可以在窗体中添加菜单栏。当拖入这个控件时，就会在 MainForm 中自动添加一个空的菜单栏，可以通过多次单击菜单栏的空白项添加多个子菜单，如图 9-11 所示。

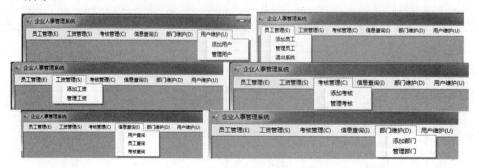

图 9-11　添加多个子菜单

菜单属性设置如表 9-3 所示。其中，主菜单的 Text 属性后面括号中的字母为该菜单对应的快捷键，即按组合键"Alt+对应的字母键"快速打开该菜单。

表 9-3  菜单属性设置

| 菜 单 级 别 | 子菜单名称 | Text 属性 | Click 事件 |
| --- | --- | --- | --- |
| 主菜单 | 员工管理 ToolStripMenuItem | 员工管理(&E) | |
| 子菜单 | 添加员工 ToolStripMenuItem | 添加员工 | |
| 子菜单 | 管理员工 ToolStripMenuItem | 管理员工 | |
| 子菜单 | 退出系统 ToolStripMenuItem | 退出系统 | |
| 主菜单 | 工资管理 ToolStripMenuItem | 工资管理(&S) | |
| 子菜单 | 添加工资 ToolStripMenuItem | 添加工资 | |
| 子菜单 | 管理工资 ToolStripMenuItem | 管理工资 | |
| 主菜单 | 考核管理 ToolStripMenuItem | 考核管理(&C) | |
| 子菜单 | 添加考核 ToolStripMenuItem | 添加考核 | |
| 子菜单 | 管理考核 ToolStripMenuItem | 管理考核 | |
| 主菜单 | 信息查询 ToolStripMenuItem | 信息查询(&I) | |
| 子菜单 | 用户查询 ToolStripMenuItem | 用户查询 | 用户查询 ToolStripMenuItem_Click() |
| 子菜单 | 员工查询 ToolStripMenuItem | 员工查询 | |
| 子菜单 | 考核查询 ToolStripMenuItem | 考核查询 | |
| 主菜单 | 部门维护 ToolStripMenuItem | 部门维护(&D) | |
| 子菜单 | 添加部门 ToolStripMenuItem | 添加部门 | |
| 子菜单 | 管理部门 ToolStripMenuItem | 管理部门 | |
| 主菜单 | 用户维护 ToolStripMenuItem | 用户维护(&U) | |
| 子菜单 | 添加用户 ToolStripMenuItem | 添加用户 | 添加用户 ToolStripMenuItem_Click() |
| 子菜单 | 管理用户 ToolStripMenuItem | 管理用户 | 管理用户 ToolStripMenuItem_Click() |

（三）用户维护模块

1．添加用户界面

添加用户界面如图 9-12 所示。

图 9-12  添加用户界面

UserAdd 窗体中主要控件的属性和事件设置如表 9-4 所示。选择 comboBox1 的 Items 属性后，单击后面的"三个点"按钮，依次添加两行数据，分别为普通用户、管理员。

表 9-4  UserAdd 窗体中主要控件的属性和事件设置

| 控件类别 | Name 属性值 | 其他属性 | 其他属性值 | 事　件 | 事　件　值 |
| --- | --- | --- | --- | --- | --- |
| Form | UserAdd | StartPosition | CenterScreen | | |
| | | Text | 添加用户 | | |
| Button | btnReg | Text | 注册 | Click | btnReg_Click |
| TextBox | txtUserName | | | | |
| | txtPassword | PasswordChar | * | | |
| ComboBox | comboBox1 | Text | 普通用户 | | |
| Label | label1 | Text | 用户名： | | |
| | label2 | Text | 密　码： | | |
| | label3 | Text | 类　型： | | |

### 2. 管理用户界面

管理用户界面如图 9-13 所示。

图 9-13  管理用户界面

UserManage 窗体中主要控件的属性和事件设置如表 9-5 所示。选择 comboBox1 的 Items 属性后，单击后面的"三个点"按钮，依次添加两行数据，分别为普通用户、管理员。其中，DataGridView 控件是数据显示控件，以二维表的形式展示从数据库中读出的数据。

图 9-5  UserManage 窗体中主要控件的属性和事件设置

| 控件类别 | Name 属性值 | 其他属性 | 其他属性值 | 事　件 | 事　件　值 |
| --- | --- | --- | --- | --- | --- |
| Form | UserManage | StartPosition | CenterScreen | Load | UserManage_Load |
| | | Text | 管理用户 | | |
| Button | btnUpdate | Text | 修改 | Click | btnUpdate_Click |
| | btnDel | Text | 删除 | Click | btnDel_Click |
| TextBox | txtUserName | | | | |
| | txtPassword | PasswordChar | * | | |

续表

| 控件类别 | Name 属性值 | 其他属性 | 其他属性值 | 事件 | 事件值 |
|---|---|---|---|---|---|
| ComboBox | comboBox1 | Text | 普通用户 | | |
| Label | label1 | Text | 用户名： | | |
| | label2 | Text | 密　码： | | |
| | label3 | Text | 类　型： | | |
| DataGridView | dataGridView1 | | | CellClick | dataGridView1_CellClick |

### （四）员工管理模块

#### 1. 添加员工界面

添加员工界面如图 9-14 所示。

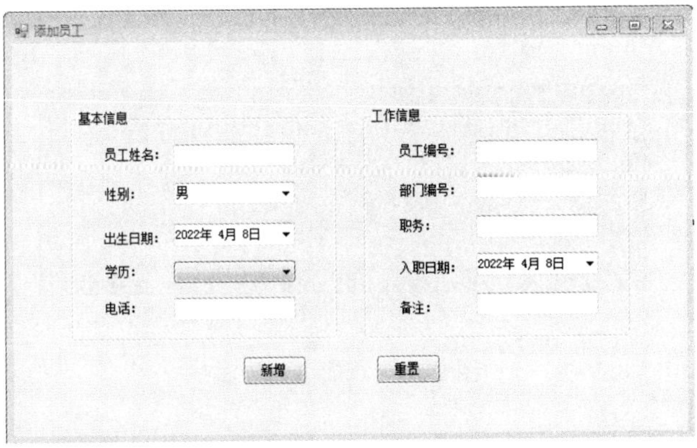

图 9-14　添加员工界面

#### 2. 管理员工界面

管理员工界面如图 9-15 所示。

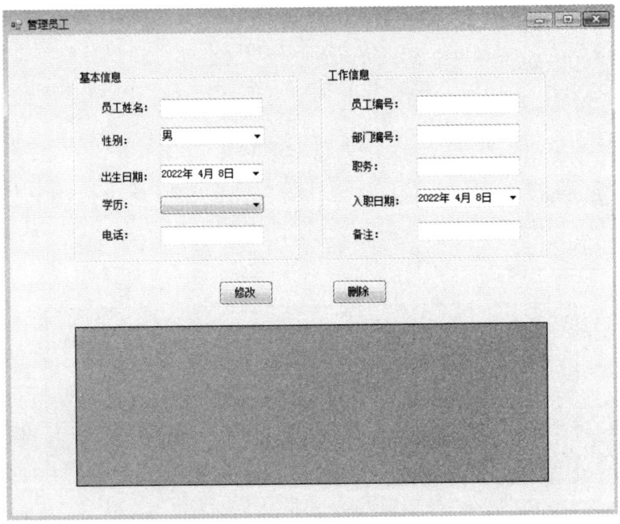

图 9-15　管理员工界面

## （五）工资管理模块

### 1. 添加工资界面

添加工资界面如图 9-16 所示。

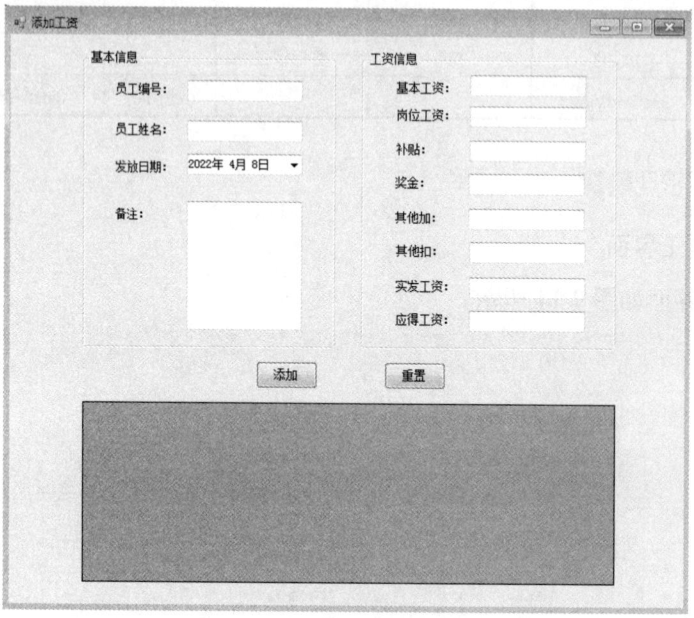

图 9-16　添加工资界面

### 2. 管理工资界面

管理工资界面如图 9-17 所示。

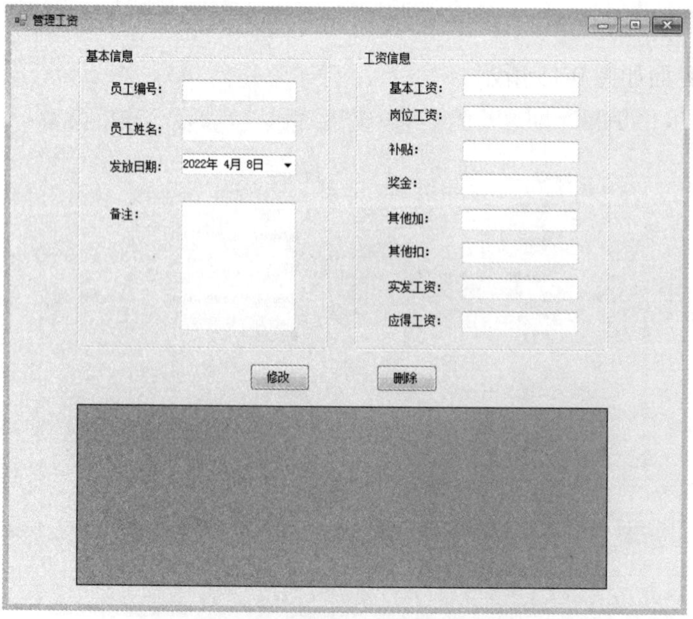

图 9-17　管理工资界面

## （六）考核管理模块

### 1. 添加考核界面

添加考核界面如图 9-18 所示。

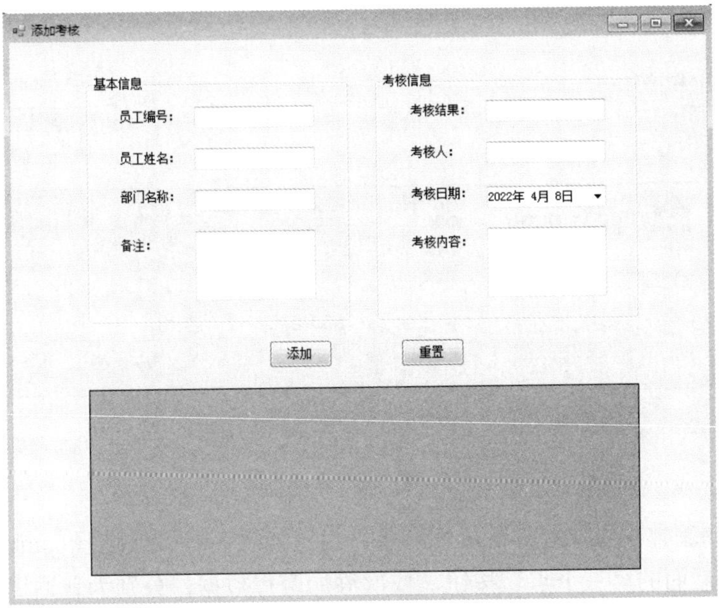

图 9-18　添加考核界面

### 2. 管理考核界面

管理考核界面如图 9-19 所示。

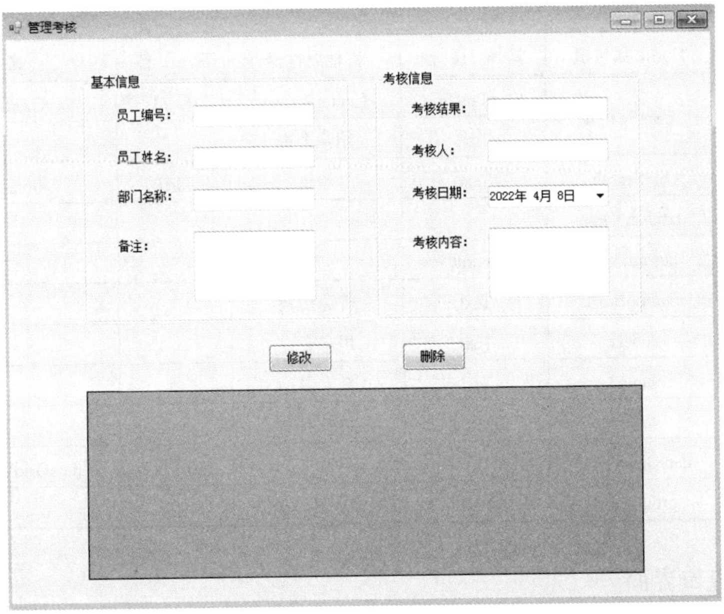

图 9-19　管理考核界面

## (七) 信息查询模块

### 1. 用户查询界面

用户查询界面如图 9-20 所示。

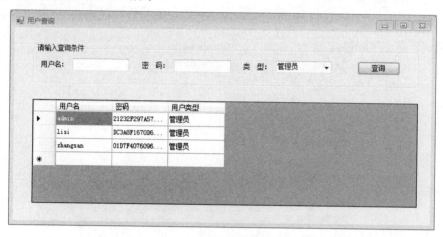

图 9-20　用户查询界面

UserSearch 窗体中主要控件的属性和事件设置如表 9-6 所示。选择 comboBox1 的 Items 属性后，单击后面的"三个点"按钮，依次添加两行数据，分别为普通用户、管理员。 DataGridView 控件是数据显示控件，以二维表的形式展示从数据库中读取的数据。 GroupBox 控件是分组控件，也是一个控件容器，主要作用是为其他控件提供可识别的分组，通常使用分组框按照功能细分窗体。

表 9-6　UserSearch 窗体中主要控件的属性和事件设置

| 控件类别 | Name 属性值 | 其他属性 | 其他属性值 | 事件 | 事件值 |
| --- | --- | --- | --- | --- | --- |
| Form | UserSearch | StartPosition | CenterScreen | Load | UserSearch_Load |
| | | Text | 用户查询 | | |
| Button | btnSearch | Text | 查询 | Click | btnSearch_Click |
| TextBox | txtUserName | | | | |
| | txtPassword | PasswordChar | * | | |
| ComboBox | comboBox1 | Text | 普通用户 | | |
| Label | label1 | Text | 用户名： | | |
| | label2 | Text | 密　码： | | |
| | label3 | Text | 类　型： | | |
| DataGridView | dataGridView1 | | | CellClick | dataGridView1_CellClick |
| GroupBox | groupBox1 | Text | 请输入查询条件 | | |

### 2. 员工查询界面

员工查询界面如图 9-21 所示。

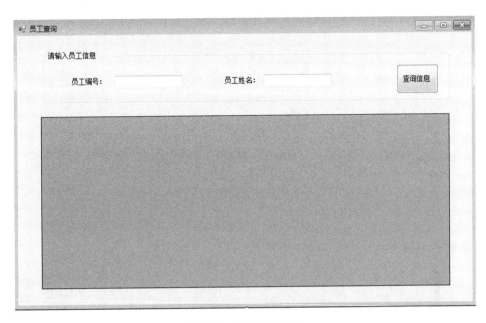

图 9-21　员工查询界面

### 3．考核查询界面

考核查询界面如图 9-22 所示。

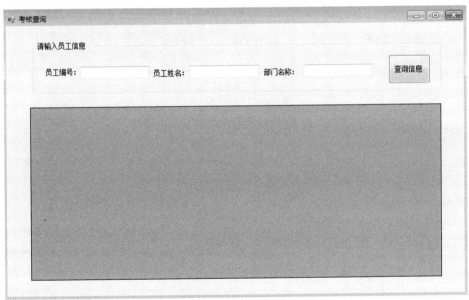

图 9-22　考核查询界面

### （八）部门维护模块

### 1．添加部门界面

添加部门界面如图 9-23 所示。

图 9-23　添加部门界面

### 2. 管理部门界面

管理部门界面如图 9-24 所示。

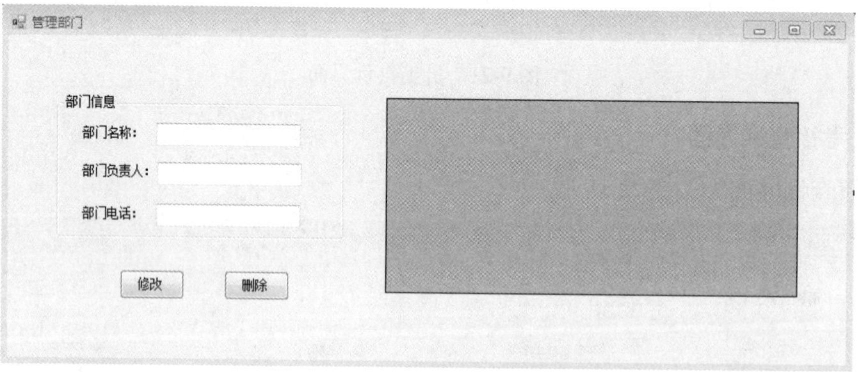

图 9-24　管理部门界面

## 四、编写代码

### （一）Model

Model 类库用来描述企业人事管理系统中的 5 个实体，分别为用户、员工、工资、考核、部门，针对每个实体创建一个类文件，依次分别为 UserInfo.cs、Employee.cs、Salary.cs、Check.cs、Department.cs。本书只提供用户实体对应的类文件 UserInfo.cs，其他 4 个类文件请自行完成。

在类文件 UserInfo.cs 中包含 3 个字段，这和数据库的用户表 UserInfo 中的 3 个字段是一致的，3 个字段又分别对应 3 个属性。代码如下：

```
using System;
using System.Collections.Generic;
using System.Linq;
using System.Text;
using System.Threading.Tasks;
```

```csharp
namespace Model
{
    /// <summary>
    /// 用户实体类
    /// </summary>
    public class UserInfo
    {
        #region 定义3个字段
        string userName;
        string userPassword;
        string userType;
        #endregion

        #region 定义3个属性
        public string UserName
        {
            get { return userName; }
            set { userName = value; }
        }
        public string UserPassword
        {
            get { return userPassword; }
            set { userPassword = value; }
        }
        public string UserType
        {
            get { return userType; }
            set { userType = value; }
        }
        #endregion
    }
}
```

（二）DAL

DAL 是三层架构的底层，主要用于操作数据库。企业人事管理系统的 DAL 包含 7 个文件，分别为数据库文件 HR.mdf、数据操作类文件 DBHelper.cs，以及分别和 5 个实体对应的 DAL 的类文件 UserInfo.cs、Employee.cs、Salary.cs、Check.cs、Department.cs。其文件名虽然和 Model 中的相同，但是内容不同，功能也不同。这里只包含类文件 UserInfo.cs，其他 4 个类文件请自行完成。

### 1. 数据库文件 HR.mdf

数据库文件 HR.mdf 包含 5 个数据表，分别是用户表 userInfo、部门信息表 department、员工信息表 employee、工资信息表 salary、考核信息表 checkInfo。这里只添加用户表 userInfo，其他 4 个表请自行完成。

项目 DAL 中创建数据库文件 HR.mdf 以后,在"解决方案资源管理器"窗口中双击该文件,VS2013 会自动添加数据连接,接下来可以在"服务器资源管理器"窗口中看到已经连接好的数据库文件 HR.mdf,对数据库文件 HR.mdf 的操作都在"服务器资源管理器"窗口中进行。

在数据库中添加用户表 userInfo,表中包含 3 个字段。其中,userName 字段用于存放用户名称,设置主键,数据类型为 nvarchar,长度为 50;userPassword 字段用于存放密码,数据类型为 nvarchar,长度为 50;userType 字段用于存放用户类型,数据类型为 nvarchar,长度为 50。数据库文件 HR.mdf 的结构如图 9-25 所示。

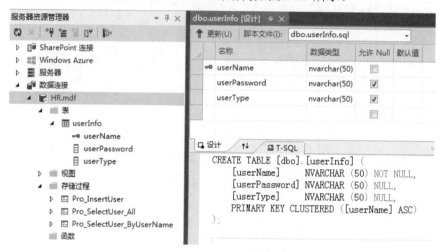

图 9-25 数据库文件 HR.mdf 的结构

对用户表 userInfo 的访问主要采用存储过程和命名参数两种方式,这里讲解两种技术实现,可以在这两种方法中自由选择。用户信息的插入、两种读取(读全部、按用户名和密码读)用存储过程实现,修改和删除用命名参数实现。存储过程需要在数据库文件 HR.mdf 中创建。其操作方法为:打开"服务器资源管理器"窗口,选择"数据连接"文件夹,选择"HR.mdf"文件,右击"存储过程"文件夹,添加新存储过程。在生成的 dbo.procedure.sql 文件中修改并录入创建存储过程的代码,单击 更新(U) 按钮保存,完成"读全部"存储过程 Pro_SelectUser_All 的创建。使用同样的方法完成"按用户名和密码读"存储过程 Pro_SelectUser_ByUserName 和"插入"存储过程 Pro_InsertUser 的创建。

(1) 创建"读全部"存储过程 Pro_SelectUser_All 的代码 dbo.Pro_SelectUser_All.sql:

```
CREATE PROCEDURE [dbo].[Pro_SelectUser_All]
AS
    SELECT userName as '用户名',userPassword as '密码',userType as '用户类型' from userInfo
    RETURN 0
```

(2) 创建"按用户名和密码读"存储过程 Pro_SelectUser_ByUserName 的代码 dbo.Pro_SelectUser_ByUserName.sql:

```sql
CREATE PROCEDURE [dbo].[Pro_SelectUser_ByUserName]
    @userName nvarchar(50),
    @userPassword nvarchar(50)
AS
    SELECT * from userInfo where userName=@userName and userPassword=@userPassword
    RETURN 0
```

(3) 创建"插入"存储过程 Pro_InsertUser 的代码 dbo.Pro_InsertUser.sql：

```sql
CREATE PROCEDURE [dbo].[Pro_InsertUser]
    @userName nvarchar(50),
    @userPassword nvarchar(50),
    @userType nvarchar(50)
AS
    insert into userInfo values (@userName,@userPassword,@userType)
    RETURN 0
```

3 个存储过程创建完成以后的效果如图 9-26 所示。

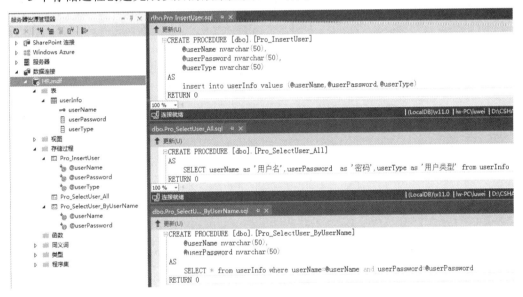

图 9-26　3 个存储过程创建完成以后的效果

### 2. 类文件 DBHelper.cs

类文件 DBHelper.cs 主要用于操作数据库文件 HR.mdf。在企业人事管理系统中对 5 个数据表的操作都使用这个类文件。类文件 DBHelper.cs 是访问数据库的通用类文件，可以支持字符串拼接、命名参数、存储过程 3 种访问数据库的方法。其包含 1 个字段和 3 个方法。其中，字段 connStr 用来连接字符串；方法 PrepareCommand()为另外两个方法提供参数；方法 SelectToDS()用于读取数据库；方法 ExecuteSql()用于操作数据（增、删、改）。

在系统部署时连接字符串最好写入配置文件，本系统的配置文件是 UI 的配置文件 App.config，这是在创建解决方案时系统自动生成的 XML 文件。在这个配置文件中添加一个连接字符串字段 connectionStrings，其值可以复制数据库文件 HR.mdf 的连接字符字段。添加完成后配置文件 App.config 的代码如下：

```xml
<?xml version="1.0" encoding="utf-8" ?>
<configuration>
    <startup>
        <supportedRuntime version="v4.0" sku=".NETFramework,Version=v4.5" />
    </startup>
  <connectionStrings>
    <add name="HRconnStr" connectionString="Data Source=(LocalDB)\v11.0;AttachDbFilename=D:\CSharp\WThreeLayer\DAL\HR.mdf;Integrated Security=True"/>
  </connectionStrings>
</configuration>
```

写完配置文件之后，还需要在项目 DAL 中添加引用 System.Configuration 才能调用 UI 的配置文件中的连接字符串。其操作方法为：打开"解决方案资源管理器"窗口，选择项目"DAL"，右击"引用"，添加引用，打开"引用管理器-DAL"对话框，选择左侧的"程序集"→"框架"选项，勾选"System.Configuration"复选框，如图 9-27 所示。

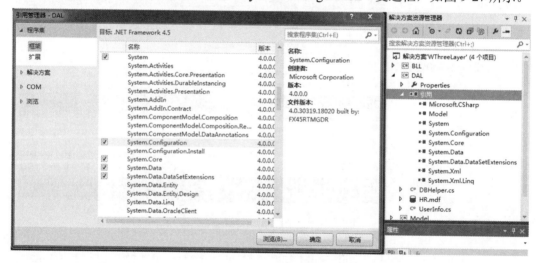

图 9-27　添加引用

类文件 DBHelper.cs 的代码如下：

```csharp
using System;
using System.Collections.Generic;
using System.Linq;
using System.Text;
using System.Threading.Tasks;
using System.Data;//引入使用 CommandType、DataSet 的命名空间
using System.Data.SqlClient;//引入访问 SQL Server 数据库的命名空间

namespace DAL
{
```

```csharp
class DBHelper
{
    static string connStr =
//从UI的配置文件中读取连接字符串
System.Configuration.ConfigurationManager.ConnectionStrings["HRconnStr"].ToString();

    /// <summary>
    /// 准备操作数据库需要的参数
    /// </summary>
    /// <param name="conn">数据库连接</param>
    /// <param name="comm">SqlCommand 实例</param>
    /// <param name="comText">SQL 语句字符串或者存储过程名</param>
    /// <param name="comType">sqlCommand 的命令类型：SQL 语句或者存储过程</param>
    /// <param name="comParms">参数数组</param>
    static void PrepareCommand(SqlConnection conn, SqlCommand comm, string comText,
                                CommandType comType, SqlParameter[] comParms)
    {
        if (conn.State != ConnectionState.Open)
        {
            try
            {
                conn.Open();
            }
            catch (Exception ex)
            {
                throw new Exception(ex.Message);
            }
        }
        comm.Connection = conn;
        comm.CommandText = comText;
        comm.CommandType = comType;
        if (comParms != null)
        {
            //遍历参数数组，依次添加每个参数
            foreach (SqlParameter p in comParms)
                comm.Parameters.Add(p);
        }
    }
    /// <summary>
    /// 读取数据库，并将结果存入数据集
    /// </summary>
    /// <param name="sql">SQL 语句字符串或者存储过程名</param>
```

```csharp
            /// <param name="comType">sqlCommand 的命令类型：SQL 语句或者存储过程
</param>
            /// <param name="comParms">参数数组</param>
            /// <returns>存放结果的数据集</returns>
            public static DataSet SelectToDS(string sql, CommandType comType,
                                    params SqlParameter[] comParms)
            {
                //using()方法用于定义一个范围，在此范围的末尾将释放对象
                using(SqlConnection conn=new SqlConnection(connStr))
                {
                    using (SqlCommand comm = new SqlCommand())
                    {
                        PrepareCommand(conn, comm, sql, comType, comParms);
                        using (SqlDataAdapter adapter = new SqlDataAdapter(comm))
                        {
                            DataSet ds = new DataSet();
                            try
                            {
                                adapter.Fill(ds);
                                comm.Parameters.Clear();
                            }
                            catch (Exception ex)
                            {
                                throw new Exception(ex.Message);
                            }
                            return ds;
                        }
                    }
                }
            }
            /// <summary>
            /// 操作数据库（增、删、改）
            /// </summary>
            /// <param name="sql">SQL 语句字符串或者存储过程名</param>
            /// <param name="comType">sqlCommand 的命令类型：SQL 语句或者存储过程
</param>
            /// <param name="comParms">参数数组</param>
            /// <returns>返回受影响的行数</returns>
            public static int ExecuteSql(string sql, CommandType comType,
                                    params SqlParameter[] comParms)
            {
                using (SqlConnection conn = new SqlConnection(connStr))
                {
                    using (SqlCommand comm = new SqlCommand())
                    {
                        try
```

```
                {
                    PrepareCommand(conn, comm, sql, comType, comParms);
                    int i = comm.ExecuteNonQuery();
                    comm.Parameters.Clear();
                    return i;
                }
                catch (Exception ex)
                {
                    return 0;
                    throw new Exception(ex.Message);
                }
            }
        }
    }
}
```

> **注意**
>
> SelectToDS()和 ExecuteSql()方法的最后一个参数前的关键字 **params** 只能用于方法的最后一个参数，可以让方法接受任意数量的特定类型的参数，即参数个数可变，参数类型必须声明为数组。

### 3. 类文件 UserInfo.cs

类文件 UserInfo.cs 包含 6 个方法。

（1）无参 GetList()方法可以读取所有用户信息，用于在管理用户界面中加载所有用户信息。

（2）用"用户实体"做参数的一参 GetList()方法可以按照用户名和密码查找用户信息，用于在用户登录界面中对用户名和密码进行验证。

（3）用"Select 语句"做参数的一参 GctList()方法可以依据 select 语句读取用户信息，用于在用户查询界面中对用户信息的多个字段进行组合查询。

（4）Add() 方法可以插入用户信息，用于在添加用户界面中完成用户注册。

（5）Update()方法可以修改用户信息，用于在管理用户界面中对用户密码和用户类型进行修改。

（6）Delete()方法可以删除用户信息，用于在管理用户界面中删除用户。

类文件 UserInfo.cs 的完整代码如下：

```
using System;
using System.Collections.Generic;
using System.Linq;
using System.Text;
using System.Threading.Tasks;
using System.Data;//引入使用 CommandType、DataSet 的命名空间
```

```csharp
using System.Data.SqlClient;//引入访问 SQL Server 数据库的命名空间

namespace DAL
{
    public class UserInfo
    {
        #region 定义6个方法
        /// <summary>
        /// 用存储过程读取所有用户信息
        /// </summary>
        /// <returns>结果存入数据集</returns>
        public DataSet GetList()
        {
            return DBHelper.SelectToDS("Pro_SelectUser_All",
                                CommandType.StoredProcedure);
        }
        /// <summary>
        /// 用存储过程按用户名和密码读取用户信息
        /// </summary>
        /// <param name="u">用户实体,包含要查找的用户名和密码</param>
        /// <returns>结果存入数据集,若数据集为 null 则查找失败</returns>
        public DataSet GetList(Model.UserInfo u)
        {
            SqlParameter[] parameters ={
                        new SqlParameter("@userName",SqlDbType. NVarChar,50),
                        new    SqlParameter("@userPassword",SqlDbType.NVarChar,50)
                                    };
            parameters[0].Value = u.UserName;
            parameters[1].Value = u.UserPassword;
            return DBHelper.SelectToDS("Pro_SelectUser_ByUserName",
                                CommandType.StoredProcedure, parameters);
        }
        /// <summary>
        /// 用字符串拼接读取用户信息
        /// </summary>
        /// <param name="sql">select 语句</param>
        /// <returns>结果存入数据集</returns>
        public DataSet GetList(string sql)
        {
            return DBHelper.SelectToDS(sql, CommandType.Text);
        }
        /// <summary>
        /// 用存储过程插入用户信息
        /// </summary>
```

```csharp
/// <param name="u">用户实体，包含要插入的用户名、密码和用户类型</param>
/// <returns>返回插入是否成功</returns>
public bool Add(Model.UserInfo u)
{
    SqlParameter[] parameters ={
                    new SqlParameter("@userName",SqlDbType.NVarChar,50),
                    new SqlParameter("@userPassword",SqlDbType.NVarChar,50),
                    new SqlParameter("@userType",SqlDbType.NVarChar,50)
                             };
    parameters[0].Value = u.UserName;
    parameters[1].Value = u.UserPassword;
    parameters[2].Value = u.UserType;
    int result = DBHelper.ExecuteSql("Pro_InsertUser",
                        CommandType.StoredProcedure, parameters);
    if(result>0)
        return true;
    else
        return false;
}
/// <summary>
/// 用命名参数修改用户信息
/// </summary>
/// <param name="u">用户实体，包含要修改的用户名、密码和用户类型</param>
/// <returns>返回修改是否成功</returns>
public bool Update(Model.UserInfo u)
{
    SqlParameter[] parameters ={
                    new SqlParameter("@userName",SqlDbType.NVarChar, 50),
                    new SqlParameter("@userPassword",SqlDbType.NVarChar,50),
                    new SqlParameter("@userType",SqlDbType.NVarChar,50)
                             };
    parameters[0].Value = u.UserName;
    parameters[1].Value = u.UserPassword;
    parameters[2].Value = u.UserType;
    string sql = "update userInfo set 
       userPassword=@userPassword,userType=@userType where userName=@userName";
    int result = DBHelper.ExecuteSql(sql, CommandType.Text, parameters);
    if (result > 0)
        return true;
```

```
            else
                return false;
        }
        /// <summary>
        /// 用命名参数删除用户信息
        /// </summary>
        /// <param name="u">用户实体,包含要删除的用户名</param>
        /// <returns></returns>
        public bool Delete(Model.UserInfo u)
        {
            SqlParameter[] parameters ={
                                new SqlParameter("@userName",SqlDbType.NVarChar,50)
                                };
            parameters[0].Value = u.UserName;
            string sql = "delete from userInfo where userName=@userName";
            int    result   =   DBHelper.ExecuteSql(sql,   CommandType.Text, parameters);
            if (result > 0)
                return true;
            else
                return false;
        }
        #endregion
    }
}
```

## (三) BLL

BLL 是三层架构的中间层,主要用于设置业务逻辑,如数据加密等,作为 DAL 和 UI 的桥梁。企业人事管理系统的 BLL 包含 5 个文件,分别为与 5 个实体对应的 BLL 的类文件 UserInfo.cs、Employee.cs、Salary.cs、Check.cs、Department.cs。这里只包含类文件 UserInfo.cs,其他 4 个类文件请自行完成。

类文件 UserInfo.cs 包含 1 个字段和 7 个方法。其中,字段 dal 是实例化 DAL 的类 UserInfo,以便调用 DAL 的类 UserInfo 的方法。此外,还有一个加密方法,即 toMD5(),用于对用户密码字段进行加密。BLL 的类文件 UserInfo.cs 的完整代码如下:

```
using System;
using System.Collections.Generic;
using System.Linq;
using System.Text;
using System.Threading.Tasks;
using System.Data;
using System.Security.Cryptography;//引入加密的命名空间

namespace BLL
```

```csharp
{
    public class UserInfo
    {
        #region 定义 1 个字段
        DAL.UserInfo dal = new DAL.UserInfo();
        #endregion

        #region 定义 7 个方法
        public DataSet GetList()
        {
            return dal.GetList();
        }
        public DataSet GetList(Model.UserInfo u)
        {
            return dal.GetList(u);
        }
        public DataSet GetList(string sql)
        {
            return dal.GetList(sql);
        }
        public bool Add(Model.UserInfo u)
        {
            return dal.Add(u);
        }
        public bool Update(Model.UserInfo u)
        {
            return dal.Update(u);
        }
        public bool Delete(Model.UserInfo u)
        {
            return dal.Delete(u);
        }
        public Model.UserInfo toMD5(Model.UserInfo u)
        {
            byte[] mingWen = Encoding.UTF8.GetBytes(u.UserPassword);
            MD5 md5 = new MD5CryptoServiceProvider();
            byte[] miWen = md5.ComputeHash(mingWen);
            u.UserPassword = BitConverter.ToString(miWen).Replace("-", "");
            return u;
        }
        #endregion
    }
}
```

### （四）UI

UI 是三层架构中的顶层，为用户提供操作界面，企业人事管理系统的 UI 包含 6 个

## C#程序设计

功能模块的所有 Windows 窗体界面（见项目九中的"UI 界面布局"）和一个系统配置文件 App.config（文件在 UI，代码见 DAL），本书只提供"用户维护"模块相关的 5 个 Windows 窗体类文件，其他窗体类文件请自行设计。

### 1. 类文件 Login.cs

在后台代码中只包含一个方法，即"登录"按钮的单击事件绑定的方法 btnLogin_Click()。btnLogin_Click()方法调用 BLL 的类 UserInfo 的 GetList()方法对用户输入的用户名和密码进行验证，在验证前应先对密码字段进行加密，验证成功后进入主界面，同时把用户类型传给主界面。类文件 Login.cs 的完整代码如下：

```csharp
using System;
using System.Collections.Generic;
using System.ComponentModel;
using System.Data;
using System.Drawing;
using System.Linq;
using System.Text;
using System.Threading.Tasks;
using System.Windows.Forms;

namespace WThreeLayer
{
    public partial class Login : Form
    {
        public Login()
        {
            InitializeComponent();
        }

        private void btnLogin_Click(object sender, EventArgs e)
        {
            BLL.UserInfo bll = new BLL.UserInfo();
            Model.UserInfo model = new Model.UserInfo();

            model.UserName = txtUserName.Text.Trim();
            model.UserPassword = txtPassword.Text.Trim();

            model = bll.toMD5(model);
            DataSet ds = bll.GetList(model);
            if (ds.Tables[0].Rows.Count > 0)
            {
                //读取用户类型
                model.UserType = ds.Tables[0].Rows[0][2].ToString();
                MainForm mf = new MainForm();
                mf.UserType = model.UserType;//将用户类型传给主窗体
```

```
            mf.Show();
            this.Hide();
        }
        else
        {
            MessageBox.Show("登陆失败");
        }
    }
}
```

### 2. 类文件 MainForm.cs

类文件 MainForm.cs 主要包含 1 个字段、1 个属性和 5 个方法，字段和属性主要用于接收登录界面传送过来的用户类型，若用户类型为"管理员"，则具备"用户维护"权限；若用户类型为"普通用户"，则隐藏"用户维护"和"用户查询"两个菜单项。类文件 MainForm.cs 的完整代码如下：

```
using System;
using System.Collections.Generic;
using System.ComponentModel;
using System.Data;
using System.Drawing;
using System.Linq;
using System.Text;
using System.Threading.Tasks;
using System.Windows.Forms;

namespace WThreeLayer
{
    public partial class MainForm : Form
    {
        string userType;//主要用于接收用户登录界面传送过来的用户类型

        public string UserType
        {
            set { userType = value; }//只开放设置权限
        }
        public MainForm()
        {
            InitializeComponent();
        }
        private void MainForm_Load(object sender, EventArgs e)
        {
            if (this.userType != "管理员")
            {
                //非管理员用户登录，没有"用户管理"权限
```

```csharp
            用户维护ToolStripMenuItem.Visible = false;
            //非管理员用户登录,没有"用户查询"权限
            用户查询ToolStripMenuItem.Visible = false;
        }
    }
    private void MainForm_FormClosed(object sender, FormClosedEventArgs e)
    {
        Application.Exit();
    }
    private void 添加用户ToolStripMenuItem_Click(object sender, EventArgs e)
    {
        if (this.MdiChildren.Length < 1)
        {
            UserAdd ua = new UserAdd();
            ua.Show();
            ua.MdiParent = this;//作为主窗体的MDI子窗体
        }
        else
        {
            MessageBox.Show("只能同时打开一个窗口");
        }
    }

    private void 管理用户ToolStripMenuItem_Click(object sender, EventArgs e)
    {
        if (this.MdiChildren.Length < 1)
        {
            UserManage um = new UserManage();
            um.Show();
            um.MdiParent = this;
        }
        else
        {
            MessageBox.Show("只能同时打开一个窗口");
        }
    }

    private void 用户查询ToolStripMenuItem_Click(object sender, EventArgs e)
    {
        if (this.MdiChildren.Length < 1)
        {
            UserSearch us = new UserSearch();
            us.Show();
            us.MdiParent = this;
        }
        else
```

```
            {
                MessageBox.Show("只能同时打开一个窗口");
            }
        }
    }
}
```

### 3. 类文件 UserAdd.cs

类文件 UserAdd.cs 主要包含一个方法，即 btnReg_Click()方法，用于添加用户。类文件 UserAdd.cs 的完整代码如下：

```
using System;
using System.Collections.Generic;
using System.ComponentModel;
using System.Data;
using System.Drawing;
using System.Linq;
using System.Text;
using System.Threading.Tasks;
using System.Windows.Forms;

namespace WThreeLayer
{
    public partial class UserAdd : Form
    {
        public UserAdd()
        {
            InitializeComponent();
        }

        private void btnReg_Click(object sender, EventArgs e)
        {
            if (txtUserName.Text.Trim() == "" || txtPassword.Text.Trim() == "")
            {
                MessageBox.Show("用户名和密码不能为空");
            }
            else
            {
                BLL.UserInfo bll = new BLL.UserInfo();
                Model.UserInfo model = new Model.UserInfo();

                model.UserName = txtUserName.Text.Trim();
                model.UserPassword = txtPassword.Text.Trim();
                model.UserType = comboBox1.Text;

                model = bll.toMD5(model);//先加密再写入数据库
                if (bll.Add(model))
```

```
                MessageBox.Show("注册成功");
            else
                MessageBox.Show("注册失败");
        }
    }
}
```

### 4. 类文件 UserManage.cs

类文件 UserManage.cs 主要包含 5 个方法，可以完成对用户的修改和删除。类文件 UserManage.cs 的完整代码如下：

```
using System;
using System.Collections.Generic;
using System.ComponentModel;
using System.Data;
using System.Drawing;
using System.Linq;
using System.Text;
using System.Threading.Tasks;
using System.Windows.Forms;

namespace WThreeLayer
{
    public partial class UserManage : Form
    {
        public UserManage()
        {
            InitializeComponent();
        }
        /// <summary>
        /// 将用户表中的数据读入 DataGridView 控件
        /// </summary>
        void DataBind()
        {
            DataSet ds = new DataSet();
            BLL.UserInfo bll = new BLL.UserInfo();
            ds = bll.GetList();
            dataGridView1.DataSource = ds.Tables[0];
        }
        private void UserManage_Load(object sender, EventArgs e)
        {
            DataBind();
        }
        /// <summary>
        /// 在单击单元格时，将当前行的数据加载到对应的控件中
        /// </summary>
```

```csharp
/// <param name="sender"></param>
/// <param name="e"></param>
private void dataGridView1_CellClick(object sender, DataGridViewCellEventArgs e)
{
    txtUserName.Text = dataGridView1.CurrentRow.Cells[0].Value.ToString();
    txtPassword.Text = dataGridView1.CurrentRow.Cells[1].Value.ToString();
    comboBox1.Text = dataGridView1.CurrentRow.Cells[2].Value.ToString();
}

private void btnUpdate_Click(object sender, EventArgs e)
{
    if (txtUserName.Text.Trim() == "" || txtPassword.Text.Trim() == "")
    {
        MessageBox.Show("用户名和密码不能为空");
    }
    else
    {
        BLL.UserInfo bll = new BLL.UserInfo();
        Model.UserInfo model = new Model.UserInfo();

        model.UserName = txtUserName.Text.Trim();
        model.UserPassword = txtPassword.Text.Trim();
        model.UserType = comboBox1.Text;

        model = bll.toMD5(model);
        if (bll.Update(model))
        {
            MessageBox.Show("修改成功");
            DataBind();
        }
        else
            MessageBox.Show("修改失败");
    }
}

private void btnDel_Click(object sender, EventArgs e)
{
    if (txtUserName.Text.Trim() == "")
    {
        MessageBox.Show("用户名不能为空");
    }
    else
    {
```

```
            BLL.UserInfo bll = new BLL.UserInfo();
            Model.UserInfo model = new Model.UserInfo();

            model.UserName = txtUserName.Text.Trim();

            if (bll.Delete(model))
            {
                MessageBox.Show("删除成功");
                DataBind();
            }
            else
                MessageBox.Show("删除失败");
        }
    }
}
```

### 5. 类文件 UserSearch.cs

类 UserSearch.cs 主要包含 4 个方法，可以完成对用户信息的查询。由于查询条件可以是用户名、密码、用户类型 3 个参数中的任意组合，因此采用字符串拼接的方法比较灵活，SQL 查询语句的初始条件是"where 1=1"，每增加一个条件，应继续往 SQL 查询语句上拼接一句代码。类文件 UserSearch.cs 的完整代码如下：

```
using System;
using System.Collections.Generic;
using System.ComponentModel;
using System.Data;
using System.Drawing;
using System.Linq;
using System.Text;
using System.Threading.Tasks;
using System.Windows.Forms;

namespace WThreeLayer
{
    public partial class UserSearch : Form
    {
        public UserSearch()
        {
            InitializeComponent();
        }
        /// <summary>
        /// 将用户表中的数据读入 DataGridView 控件
        /// </summary>
        void DataBind()
        {
```

```csharp
            DataSet ds = new DataSet();
            BLL.UserInfo bll = new BLL.UserInfo();
            ds = bll.GetList();
            dataGridView1.DataSource = ds.Tables[0];
        }
        private void UserSearch_Load(object sender, EventArgs e)
        {
            DataBind();
        }
        /// <summary>
        /// 完成多个字段任意组合的查询
        /// </summary>
        /// <param name="sender"></param>
        /// <param name="e"></param>
        private void btnSearch_Click(object sender, EventArgs e)
        {
            string sql = "select userName as '用户名',userPassword as '密码',
                        userType as '用户类型' from userInfo where 1=1 ";
            if (txtUserName.Text.Trim() != "")
                sql += "and userName='" + txtUserName.Text.Trim() + "' ";
            if (txtPassword.Text.Trim() != "")
            {
                BLL.UserInfo bll = new BLL.UserInfo();
                Model.UserInfo model = new Model.UserInfo();

                model.UserName = txtUserName.Text.Trim();
                model.UserPassword = txtPassword.Text.Trim();

                model = bll.toMD5(model);
                sql += "and userPassword='" + model.UserPassword + "' ";
            }
            if (comboBox1.Text != "")
                sql += "and userType=N'" + comboBox1.Text + "'";
            BLL.UserInfo bll2 = new BLL.UserInfo();
            DataSet ds = new DataSet();
            ds = bll2.GetList(sql);
            dataGridView1.DataSource = ds.Tables[0];
        }
        /// <summary>
        /// 在单击单元格时,将当前行的数据加载到对应的控件中
        /// </summary>
        /// <param name="sender"></param>
        /// <param name="e"></param>
        private void dataGridView1_CellClick(object sender, DataGridViewCellEventArgs e)
        {
```

```
            txtUserName.Text = dataGridView1.CurrentRow.Cells[0].Value.ToString();
            txtPassword.Text = dataGridView1.CurrentRow.Cells[1].Value.ToString();
            comboBox1.Text = dataGridView1.CurrentRow.Cells[2].Value.ToString();
        }
    }
}
```

## 项目总结

本项目基于三层架构开发了企业人事管理系统，旨在使学生通过完成整个系统的开发，掌握三层架构的设计模式和搭建流程，学会使用系统配置文件配置数据库连接字符串的步骤。在本项目中提供了访问数据库的通用类编写的方法。在熟练掌握以上知识后，便能够基于三层架构开发一个小型的应用系统。

本项目旨在前面项目的基础上进行深化，从这个意义上说，做任何事情，都要精益求精。此外，做任何事情，都不要怕困难，可以把复杂的工作分解成几个相对简单的工作的组合，这是一种方法论，可以促进工作的开展和进步。

## 项目提升

对企业人事管理系统项目进行操作方便性、规范性等方面的改进，可以参考以下几点。

1. 所有密码在程序中均不可见。
2. 所有 DataGridView 控件的各列名称改为中文。
3. 每次的数据库操作变化要及时反映到 DataGridView 控件中。
4. 对各种输入信息进行正确性验证。
5. 界面操作焦点应合理定位。焦点能够自动定位到错误输入上，按回车键可以响应默认按钮。
6. 补全快捷按钮和快捷键的功能。
7. 员工、部门、用户等不能重复添加。
8. 整个系统流程不能出现逻辑错误，如在删除员工时，员工的工资、考核等信息也要删除吗？怎样处理？同理，删除部门呢？是否需要进行删除确认？

9．各种时间的输入是否应该有所限制？

10．工资的部分字段可以自动生成吗？

11．考虑到操作的方便性，在添加员工编号时是否可以自动生成？

12．部门是否设置为可选？

13．员工、考核等各种查询，能够满足不同字段的各种组合查询。

14．不同身份的用户在登录时，操作权限、看到的界面应该不同。

15．数据库密码字段应该是不可见的。

16．SQL 语句防注入攻击（采用存储过程或命名参数）。

17．子窗口不能被同时打开。

18．所有窗口（包括子窗口）都是居中显示的。

19．面对非计算机专业用户，程序要具备健壮性和操作方便性，不应出现系统崩溃的情况。

20．采用三层架构开发模式，应保证界面美观，设计合理，变量命名规范，代码简洁、美观、有注释。

# 参考文献

[1] 姬龙涛，李亚汝，等. Visual C# 程序设计[M]. 北京：清华大学出版社, 2015.

[2] 刘甫迎. C#程序设计教程：第4版[M]. 北京：电子工业出版社, 2015.

[3] 郑伟，谭恒松. Visual C#程序设计与软件项目实训[M]. 北京：电子工业出版社, 2015.

[4] Karli Watson, Christian Nagel. C#入门经典[M].齐立波，译. 北京：清华大学出版社, 2006.

[5] 希尔特. C# 4.0 完全参考手册[M]. 北京：清华大学出版社, 2010.